根底から理解する
微分積分学入門

[第 2 版]

片野 修一郎 著

ムイスリ出版

第2版への序

あなたの職務は行為そのものにある．決してその結果にはない．
行為の結果を動機としてはいけない．
知性に拠り所を求めよ．結果を動機とする者は哀れである．

『バガヴァッド・ギーター』[*1]

第2版の上梓に際して，初版にあった誤りや誤植を訂正した．指摘をしてくれた学生諸君に感謝します．また，この機会に，随所で表現を書き改めたが，多くの言葉を擁して基礎基本を徹底的に解説する，という初版の姿勢には微塵の揺らぎもない．大量の例題や問題演習を通して数学を学習するというのは，それを通して学習者が自ら「納得するまで考える」時間をもち，基本概念の十分な理解に到達することを暗黙の裡(うち)に仮定または期待して，初めて有効な学習法のひとつとなり得ることを我が国は忘れてしまったようだ．表面的な問題の解き方だけを覚えて試験に備えることを目的とする姑息な姿勢が「当たり前の勉強法」として広く深く浸潤してしまった感のある現在においては，上述のような学習法がうまく機能することはないだろうと思う．学習で最も大切な自問自答のプロセスを放棄させたまま，形ばかりの結果や成果のみを偏重する“社会圧力”（「実用」へと突き進む新指導要領もこの一環）に対する著者のささやかなアンチテーゼが本書である[*2]．

コロナ禍の2021年夏　著者識

[*1] 上村勝彦訳，岩波文庫，第2章（47）．

[*2] 阿部公彦『史上最悪の英語政策』（ひつじ書房，2017）には，数学の学習を取り巻く深刻な問題点——「言葉」に対する無知，無理解——にも通ずる指摘が痛快になされている．

まえがき

本書は，微分積分学を必要とする大学初年級の学生を対象として，その基礎部分と若干の応用とをやさしく丁寧に解説したものである．著者の勤務する東京薬科大学薬学部における 1 年生向けの微分積分学の講義を反映して，いくぶん大学の化学系学科での学びを意識した内容になっているかと思う．理科系大学初学年の学生向けの微分積分学の教科書は，誰が書いても大同小異になってしまうのが実情であろうが，できるだけ新しい工夫を盛り込んだつもりである．以下，それについて著者の考えを含めて述べる．

- 数列の極限から始まるありきたりな極限論は割愛した．古典的な微分積分学の目的のひとつは，種々の関数の収束・発散に関する相対的な速度の感覚を身につけることにあり，最初に極限論から始めるのはそのための基本文法を修得させるためだと思う．しかし，数学的にはほぼ決まったパターンの題材しか扱わず，しかも数学に苦手意識を持っていることが少なくない化学・薬学系の学生に対して，形式的に極限の一般論から話を始めるのは著者には無意味としか思えない．
- 微分演算はいったん代数化されてしまえば寧ろ非常に容易である．$(x^3)' = 3x^2$ を答えるだけなら，教え込めば小学生でもできる．昨今の我が国の教育事情を鑑みるに，この機械化の傾向が極まって，形骸化された試験に答えられさえすればよいと考える試験至上主義となって蔓延し，その結果，理科系大学でさえ「微分が何なのか，何をしているのか」全くわかっていないまま計算だけをしようとする学生が普通に見られるようになってしまった．そこで本書では，「××とは何なのか」「何のためにあるのか」という部分の解説に紙数を費やした．

- 試験をすると，「定数 C の値を求めよ」と問うているのに，必死に“計算”した挙句にとてつもない関数式を答えるような答案に数多く遭遇するようになった．言葉の意味が蔑(ないがしろ)にされていることが大きな障害となっていると感じる．これを受けて，本書の冒頭には関数の基本事項や用語について述べる章を置いた．
- 化学・薬学系学科では，専門課程の学習で指数・対数関数が現れることが非常に多いにもかかわらず，高等学校での学習が全く身についておらず，これを苦手とする学生が多いのが現状である．本書では，指数・対数関数について 1 章を設けて丁寧に解説し直した．
- 著者の経験では，工学部などでも化学系の学科では，専門課程で必要がないとして重積分を学ばなくなる傾向にあるのではないかと思う．一方で，この分野での微分方程式の必要性は寧ろ早い段階から増す傾向にあるように感じている．そのため本書では従来の重積分を割愛して，代わりに常微分方程式入門の章を置いた．さらに，第 3 章微分法の末尾に微分方程式入門の入門と称する項を置き，自然現象と微分法との関係を数学の立場からやさしく述べた．

最後に，本書の執筆を勧めて下さったムイスリ出版の橋本有朋氏と，図のデザインや校正など本書の進行にご尽力下さった編集部の方々に御礼を申し上げる．本書を，小学校時代の恩師であった谷信正先生の思い出に捧げる．

2018 年春

片野　修一郎

目次

第 1 章

関数の基礎事項

1.1 実数について

関数が活躍する舞台は**実数**の集合である．実を言うと，「実数とは何か」というのはとても難しい問題なのであるが，本書では必要以上に詮索せず，次のように考える．

実数とは数直線上のすべての点を表す数のことである[*1]．

有理数でない実数のことを無理数といった．$\sqrt{2}$ とか π などがそうである．10 進小数展開したとき，循環しない無限小数になるものが無理数である．実は，有理数と無理数では無理数の方が比べものにならないくらい沢山あることがわかっている．数直線が直線として目に見えるのは無理数のお陰

[*1] 目の前に引かれている数直線を見れば，たいていの人はわかった気になるものであるが，よく考えてみれば，「実数とは何か」という問題が「数直線とは何か」という問題にすり替わっただけで，疑問は何も解決していないことに気づく．数直線なんかよく知っているよという読者は，たとえば円周率 $\pi = 3.1415926535\cdots$ を考えてみてほしい．π をどこまで計算したところで，その正確な値は決してわからない．本当の値を誰も知らないのに，π は数直線上にあると軽々しく言っていいのだろうか．本文で触れたように，実数のほぼすべては無理数である．無理数は，$\sqrt{2}$ や $\sqrt{3}$ などの代数的無理数と，整数係数のどんな代数方程式の根にもならない超越数とに分かれる．自然対数の底 e や π は超越数であるが，実数のほぼすべては超越数であることが証明できる．つまり，人類は実数のほとんどを具体的にはほぼ知らないと言ってよい．数直線は，そのような実数の実態を表現する媒体（モデル）としてぴったりだというわけである．

なのである．

問 1.1　$a < b$ であるようなどんな有理数 a と b の間にも無数の有理数があることを示せ．実は，どんなに近いふたつの無理数の間にも無数の有理数があることも示せる．考えてみると，とても不思議ではないか．

問 1.2　高度な数学が発達した古代ギリシアでは，数として認められたのは正の有理数までであった．下図の AC の長さが有理数ではないことを証明せよ．そのことに初めて気がついたピュタゴラス学派の人々は，現に目に見えている長さが数で表せないという信じられない事実を前にしてパニックに陥ったという．ピュタゴラスの時代にタイムスリップして，彼らのパニックぶりを味わいなさい．

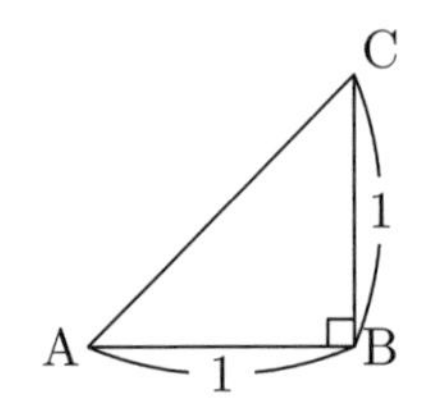

1.2　関数とは

読者はすでにいろいろな関数を学んできているはずである．2 次関数 $y = ax^2 + bx + c$ や三角関数 $y = \sin x$，対数関数 $y = \log_a x$ 等々．たとえこれらの基本的な関数しか知らなくても，それらを組み合わせれば無数の関数を生みだすことができる．たとえば，$y = x + \sin x$ とか $y = \log_2(x^2 + x + 1)$ のように．我々はこれから，個々の関数の特性ではなく，これらの関数に共通して適用できる理論 ——微分法と積分法—— を学ぶ．そのため，関数一般を表す記号がぜひとも必要になるわけである．まずはそれを正しく修得することから始めよう．

関数表記 1.3　数学で関数を一般的に表すには，$y = f(x)$ と書く習慣である．数学以外の実験科学ではこの限りではない．→ 関数表記 1.11.

昔，日本では関数のことを函数と書いた．函と箱は読み方も意味もだいたい同じであるが，上等な本が入っているハコにはふつう函を用いる．

ここにひとつの箱がある．ただの箱ではない．機能をもった箱である．この箱には入力口と出力口がひとつずつあって，**入力されるのも出力されるのも実数である**[*2].

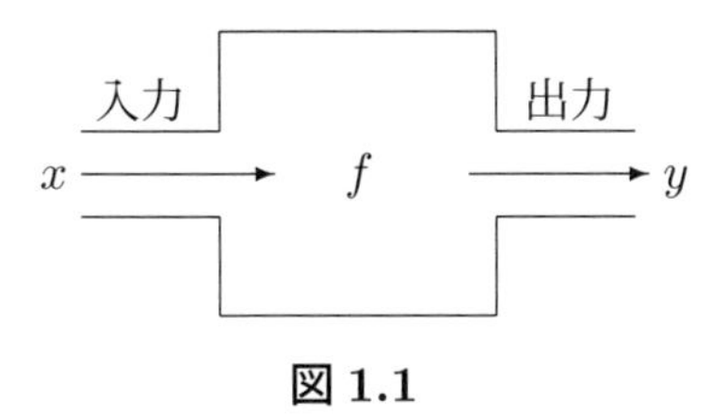

図 1.1

実数 x が入力されると箱の機能がガチャガチャと働いて，それに応じた実数 y をひとつだけ出力する．**この機能のことを関数と呼ぶ**のである．機能の名前は抽象的に f と書く慣習である．なぜかというと，機能のことを英語で *function* というからである．でも，こんな絵をいちいち描いていられないので，記号だけで $y = f(x)$ と表すわけである．f という名前の工場の生産ラインに原材料 x を入れたら，f の機能で加工されて y という製品が出てきた，と思えばよいのである．

問 1.4　次の各図が表す関数を具体的な式で表せ．(2) では $x > 0$ とする．

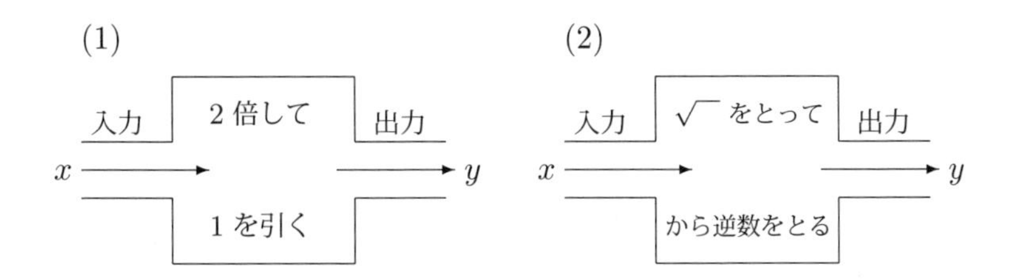

*2 試験をすると，$1 + 2i$ のような虚数の解答にぶつかることがある．我々が扱う関数は入力も出力も実数だけなのであるから，虚数が現れることはない．定義をきちんと把握しておけば，関数の計算結果が虚数になったら，あっ間違ったな，と気づけるわけである．

x は入力を代表しているのであって，特定の数を表しているのではないことをよく理解しなければならない．

例題 1.5　(1) 関数 $f(x)=x^2$ に対し，$f(x+1)$ を求めよ．
(2) 関数 $f(x)=2$ に対し，$f(x-1)$ を求めよ．

解答　(1) $f(x)$ の x が入力を一般的に表していることを理解しないと，「x という文字を 2 乗せよ」という意味だと誤解して $f(x+1)=x^2+1$ などと答えがちである．この関数 f は「入力をなんでもかんでも 2 乗して吐き出す」という機能を表している．$f(x+1)$ と書いたら $x+1$ 全体が f に入力されていることになるから，

$$f(x+1)=(x+1)^2$$

とするのが正しい．

(2) $f(x)=x^2$ のような形をしていないので関数と思えないかもしれないが，$f(x)=2$ は立派な関数である．x は入力される実数を一般的に表している記号であるから，この関数 f は「どんな入力に対しても 2 を出力する」という機能を表している．したがって，入力が $x-1$ であっても 2 を出力するから，$f(x-1)=2$ である．　∎

例 1.6　入力 x が有理数のときは 1 を出力し，x が無理数のときは 0 を出力する機能 f は関数である．この f を表そうと思うと，数式ではなく，

$$f(x)=\begin{cases}1 & (x\text{が有理数のとき}),\\ 0 & (x\text{が無理数のとき})\end{cases}$$

のように書かざるを得ないが[*3]，これでも立派な関数である．

定義 1.7　正式には，入力のことを**独立変数**，出力のことを**従属変数**と呼ぶ．なぜ「従属」と呼ぶかというと，y は x に応じて（従属して）決まるからである．この「従属の仕方」こそが対応の仕組み・規則のことであり，そ

[*3] 実は，この関数は数式ひとつで表せるのである．本書ではまだ極限の話をしていないが，$m,\,n$ を自然数として $f(x)=\lim_{n\to\infty}\left\{\lim_{m\to\infty}(\cos n!\,\pi x)^m\right\}$ となる．

の仕組みのことを関数というのである．また，独立変数の動ける範囲を**定義域**と呼ぶ．

例 1.8　$y = x^2$ という関数においては x が独立変数，y が従属変数である．x は実数全体を自由に動くことができる．この「束縛されずに自由に動ける」という状態を「独立」と表現している．一方，y は負の値をとることはできないから，全く自由に動けるわけではない．あくまで x に従属して，この関数に応じた値しかとれないので「従属」というのである．この関数の定義域は実数全体であるが，$y = 1/x$ の定義域は $x = 0$ 以外の実数全体，$y = \log_2 x$ の定義域は正の実数全体である．

注意 1.9「入力を 2 乗して出力する」という関数を式で表すとき，

$$\text{(i)}\quad y = x^2 \qquad \text{(ii)}\quad f(x) = x^2$$

というふたつの書き方がある．本質的にはどちらも同じだが，ニュアンスには微妙な違いがあり，使い勝手の上ではもう少し大きな違いがある．臨機応変に使い分けるとよい．ニュアンスに関しては，(i) は入力 x と出力 y の関係を明確にしている書き方なのに対し，(ii) は関数 f の機能が 2 乗であることを強調している．しかし (i) のように出力に当てる文字を指定していない．使い勝手の上では，たとえば x に値 a を代入したという事実を表したいとき，(ii) では $f(a)$ と書くだけで済んでしまうが，(i) の表示ではしばしば困った事態に陥る．

注意 1.10（変数と定数） 関数式には変数の他に定数を含むことが多い．この区別ができないと根本からわからなくなってしまう．たとえば 1 次関数 $y = ax + b$ において，独立変数は x，従属変数は y であるが，a と b は定数である．変数は数直線上を動き回るものであるが，定数はその間ずっと一定のまま動かない数のことである．アルファベット 26 文字の中で，最初の方の a, b, c, d は定数に当てられることが多く，後ろの方の t, x, y, z などは変数用に使われるという慣習がある．

関数表記 1.11　数学以外の実験科学では自然現象を観察することが多い．たとえば，直線運動する物体の位置とか化学反応における物質の濃度などは，いずれも観察を始めてからの経過時間 t とともに変化する量である．これを，独立変数が t の関数と考える．これら自然現象では，観測してみないことにはその機能がわからず，しかも既存の関数記号では書き表せないことが多い．従って，機能 f を前面に出した $f(t)$ という表記はせず，

$$x = x(t)$$

と記すことが普通である．観測者が知りたいのは位置や濃度などの観測量であるから，それをまず x で表す．x は時間 t に対する従属変数であるが，上に述べたように $x = f(t)$ とは書かないのである．一方，単に x と記すと独立変数と勘違いする可能性があるので，「この x は時間 t によって変わる従属変数なのだ」ということをはっきりさせるために $x(t)$ と書いている．この記法に込められた意味を十分に理解することが大切である．

化学などでは題材に応じた記号を使う習慣がある．たとえば，濃度が測定対象なら，濃度を表す英語 Concentration に因（ちな）んで

$$C = C(t)$$

のように表すことが多い．反応物 A と生成物 B の化学反応なら，それぞれの濃度は $C_A = C_A(t)$ とか $[B] = [B](t)$ と書いたりするようである．いずれにしても，ただ C と書いてあったら，それが単なる定数なのか，それとも関数 $C(t)$ の意味なのか，文脈から正しく判別できなければならない．

言語表現 1.12　独立変数が x，従属変数が y の関数があるとき，これを **y は x の関数である**と表現する．

例 1.13　化学反応における物質の濃度 C は時間 t の関数である．

例 1.14　圧力 p，体積 V，モル数 n，温度 T の理想気体に関するボイル・シャルルの法則は，

$$pV = nRT$$

と表される．R は気体定数と呼ばれる定数である．n と T を一定に保った

ままにすると，右辺全体が定数となるので，改めて $nRT = k$（定数）と書くと，

$$pV = k$$

となる．この式は，圧力 p が体積 V の関数であり，また逆に V が p の関数でもあることを示している．

例 1.15　直交座標軸を設定した平面上を運動する物体を考える．この物体の位置 $(x,\, y)$ を時間経過とともに観察するとき，$x,\, y$ がともに時間 t の関数であることになるので，

$$(x(t),\, y(t))$$

と書き表すのが妥当である．

例 1.16　$x(t)$ のような表示では，t がいつも時間を表すわけではない．たとえば，

$$(x,\, y) = (\cos t,\, \sin t) \tag{1.1}$$

で表される平面上の点は，よく知られた関係

$$x^2 + y^2 = \cos^2 t + \sin^2 t = 1$$

によって，原点を中心とする半径 1 の円周上にあることがわかる．このときの t は x 軸の正の向きから測った回転角ということになるが，回転には時計回り（$t < 0$）も反時計回り（$t > 0$）もあるので，t を時間と考える必然性は薄い（等速円運動では，単位時間あたりに動く角度を $\overset{\text{オメガ}}{\omega}$ と書いて，経過時間 t の間に回転した角度 ωt を使う）．

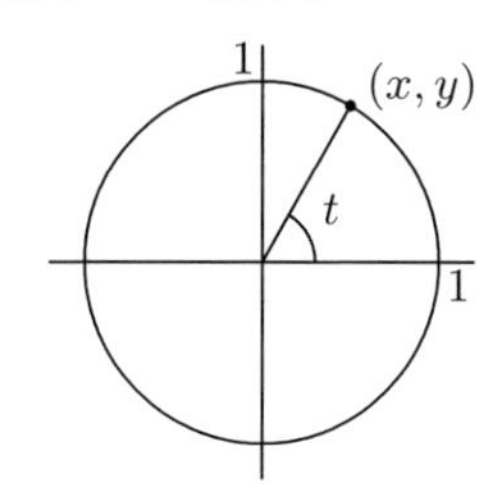

このように，複数の変数（今の場合は x と y）を，別の共通の変数（今の場合は t）の関数として表すとき，この別の変数のことを一般に**媒介変数**とか**パラメータ**と呼ぶ．単位円を方程式 $x^2 + y^2 = 1$ で表すと動きが感じられないが，(1.1) のように表すと円周上を回っている点の様子が目に浮かぶ．パラメータ表示を用いると，図形を点の動きとして動的に捉えることができるようになる．

例 1.17　(1.1) のような表示からパラメータを消去すれば座標変数に関する方程式が得られるが，パラメータ表示のままの方がわかりやすい場合も多い．パラメータ表示

$$x = \cos t,\ y = \sin t,\ z = t \qquad (t \geqq 0)$$

は下図のような螺旋[*4]を表す．ここから無理に t を消去して x, y, z に関する方程式に直しても，わかりにくくなるばかりで益することは何もない．

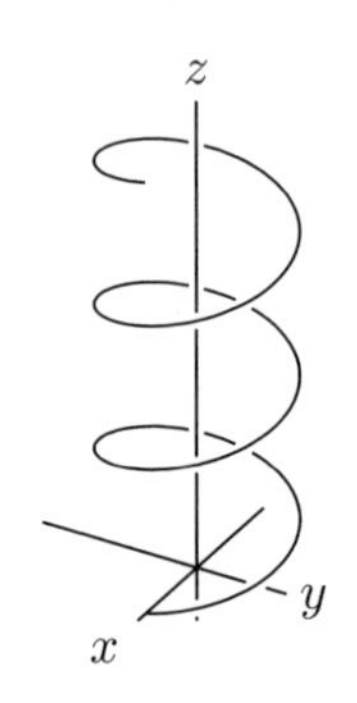

[*4] 正確には常螺旋という．半径 1 の円柱に合同な直角三角形を巻きつけたときに斜辺の描く曲線のことである．

第 2 章

指数関数と対数関数

2.1　積み重なる乗法の感覚

この節では，まず指数関数の感覚を掴もう．これは乗法——掛け算——の感覚なのだが，1 個 150 円のリンゴを 3 個買って 150 円 $\times 3 = 450$ 円 というような 1 回限りの単純な掛け算のことではなく，次々に積み重なってゆく掛け算のことである．このような掛け算が満たす世界の法則が指数法則である．我々を取り巻く自然界の現象の多くは，不思議なことに指数法則に従う．

例題 2.1　1 個の細菌が 1 秒後に細胞分裂して 2 個になり，それぞれが 1 秒後に再び細胞分裂して計 4 個に，$\cdots$ というように増殖を続けるとき，x 秒後の細菌の総数 y を式で表せ．

解説　正解は $y = 2^x$ である．2 倍，2 倍，$\cdots$ となるから $y = 2x$ だろうと思った人はいないだろうか．$2x$ と 2^x，似ているような気もするが，決定的な違いはどこにあるのだろう．言葉で言うなら，2^x は 2 倍，2 倍に増えていく関数，それに対して，$2x$ は$+2$，$+2$ をしていく関数である．

$y = 2x$ は，2 を x 回加える，すなわち

$$2x = \overbrace{2 + 2 + \cdots + 2}^{x\text{ 個}}$$

と考えれば，x が 1 増えるごとに $+2$ される関数であることがはっきりする．したがって，$y=2x$ は乗法世界ではなく，加法世界の関数なのである．このような関数を**線型関数**という．それに対し $y=2^x$ は，x が 1 増えると掛ける 2 の個数がひとつ増えるのだから，y の値は（ひとつ前の状態から）$\times 2$ される．つまり掛け算が積み重なる．

$$2^x = \overbrace{2 \times 2 \times \cdots \times 2}^{x\,\text{個}}.$$

因みに，$2^{60} = 1,152,921,504,606,846,976$ であるから，指数的な増大がいかに爆発的なものかがわかる． ∎

例題 2.2 マグニチュードは地震のエネルギーを表す尺度であり，マグニチュードが 1 大きくなると地震のエネルギーは 32 倍になる．ではマグニチュードが 2 大きくなると地震のエネルギーは何倍になるか．また，エネルギーが 2 倍になるのは，マグニチュードがどれだけ大きくなったときか．

解説 64 倍ではない．32 倍になったところからさらに 32 倍になるのであるから，正解は $32^2\,(=1024)$ 倍である．M1 から M2 になっても，M6 から M7 になっても，M 3.14 から M 4.14 になっても，どの場合でも地震のエネルギーは 32 倍になる．

後半が少しわかり難いと感じるのは，エネルギーやマグニチュードが連続的な量であることが前面に出てくるからであろう[*1]．マグニチュードが 0.67 増えたとか，エネルギーが $\sqrt{3}$ 倍になったとかいうようなことが可能である．次のように考えてみよう．マグニチュードが α だけ大きくなったらエネルギーが 2 倍になるとしよう．そこから再びマグニチュードが α だけ大きくなったらエネルギーがそこから 2 倍になるので，最初の状態からみればマグニチュードは 2α だけ大きくなり，エネルギーは 2^2 倍になっている．従って，マグニチュードが 5α だけ大きくなるとエネルギーは $2^5=32$ 倍になるわけである．ということは $5\alpha=1$ すなわち，$\alpha=0.2$ である．**マグ**

[*1] 対して震度というのは，あくまで各観測地点で感じた揺れの強さを数値化したもので，整数値しかとらない．地震のもつエネルギーと震度とは直接には無関係である．

ニチュードが和で動くとエネルギーは積で動く，これが指数関数の本質である．式で書けば，A を正の定数として，エネルギー $E = A \cdot 32^M$ と表せるのである． ▮

2.2 指数法則と指数関数

指数記号の復習から始めよう．$a > 0$ かつ $a \neq 1$ を満たす実数 a をとり，次のように表す．

$$\begin{aligned} a^1 &= a, \\ a^2 &= a \times a, \\ a^3 &= a \times a \times a, \\ &\cdots \\ a^n &= \overbrace{a \times a \times \cdots \times a}^{n\text{個}} \quad (n\text{は自然数とする}). \end{aligned}$$

この a のことを**底**(てい)，右肩の小さい数字を**指数**と呼ぶ．以下いちいち断らないが，底 a については常にこの条件を仮定する．その理由は後で扱う．「底」とは指数世界の「基準」というほどの意味である．

例題 2.3 自然数 m, n に対して，次の (i)〜(v) が成り立つことを説明せよ．ただし，(ii) では $m > n$ とする．

(i) $a^m \cdot a^n = a^{m+n}$ (ii) $\dfrac{a^m}{a^n} = a^{m-n}$ (iii) $(a^m)^n = a^{mn}$

(iv) $(ab)^n = a^n \cdot b^n$ (v) どんな自然数 n に対しても，常に $a^n > 0$

解説 $a > 0$ ゆえ (v) は明らかで，他も容易であるから，(i) だけやってみよう．

$$a^m \cdot a^n = (\overbrace{a \times \cdots \times a}^{m\text{個}}) \times (\overbrace{a \times \cdots \times a}^{n\text{個}}) = \overbrace{a \times a \times \cdots \times a}^{m+n\text{個}} = a^{m+n}.$$

$a^m \cdot a^n = a^{mn}$ という間違いが後を絶たない．こんなに簡単なことなのだから，式の表面だけを眺めて丸暗記するようなことはしないでほしい． ▮

例題 2.3 では指数 m, n は自然数であった．これを実数まで動いてよいことにしたものが指数法則である．記号もそれらしく x, y に変えて改めて書き直そう．

指数法則 2.4

実数 x, y に対して，次の (i)〜(v) が成り立つ．

(i) $a^x \cdot a^y = a^{x+y}$ (ii) $\dfrac{a^x}{a^y} = a^{x-y}$ (iii) $(a^x)^y = a^{xy}$

(iv) $(ab)^x = a^x \cdot b^x$ (v) どんな実数 x に対しても，常に $a^x > 0$

指数法則 2.4 の読み方 例題 2.3 と指数法則 2.4 は（記号が変わったものの）まったく同じ式である．にもかかわらず両者の意味するところはかなり違う．例題 2.3 は指数記号の約束に基づいて確かめられるものであった．しかし指数法則 2.4 は違う．ここでは x は実数を動くのであるから，たとえば $a^{\sqrt{3}}$ のようなものも許される．例題 2.3 と同じ気持ちでこれを読めば，a を $\sqrt{3}$ 個掛け合わせたものということになるが，$\sqrt{3}$ 個とはいったい何のことだろう．つまり，$a^{\sqrt{3}}$ のような数は，現段階では正体不明なのである．例題 2.3 には曖昧なところは少しもなかったが，指数法則 2.4 は扱おうとしている対象がそもそも正体不明なのである．つまり，指数法則 2.4 は，$a^{\sqrt{3}}$ のような“数”の正体明かしをひとまず棚上げにしておいて，これらの“数”が満たすべき**計算の法則という枠組みを先に規定してしまおうという要請**なのである．具体的に言うと，正体はまだわからなくても，

$$a^{\sqrt{3}} \cdot a^{2\sqrt{3}} = a^{3\sqrt{3}} \quad \text{とか} \quad (a^{\sqrt{3}})^{\sqrt{3}} = a^3$$

のような計算法則は成り立っているものと先に規定してしまうのである．

なぜそんな規定ができるのかといえば，自然数は実数の一部であり，x, y が自然数のとき指数法則 2.4 は確かに成り立っているのであるから，自然数をはみ出した途端に成り立たなくなってしまうと考える方が却って不自然だからである．というわけで，指数法則は合理的な要請なのである．

問 2.5 指数法則 2.4 において $a=1$ も許すと，どんな実数 x に対しても $1^x=1$ となることを示せ．これが底に対して $a\neq 1$ という条件を課す理由である．

問 2.6

指数法則 2.4 は合理的な要請である．いったんこの要請を認めれば，次の (1)〜(3) が必然的に導かれることを示せ．

(1) $a^0=1$.

(2) $a^{-1}=1/a$. もっと一般に，$a^{-x}=1/a^x$.

(3) 有理数 $1/n$ に対し，$a^{\frac{1}{n}}$ の意味づけをせよ．$a^{\frac{m}{n}}$ ではどうか．

別の考え方 2.7 問 2.6 のような議論の進め方にすぐに馴染めないなら，次のような考え方もある．冒頭の例題 2.1 に戻ろう．はじめ 1 個だった細菌の x 秒後の総数は 2^x であった．$x=0$ ということは 0 秒後，すなわち計測開始の瞬間に当たる．従って，細菌ははじめの 1 個だけであり，$2^0=1$ である．2^{-1} は -1 秒後，すなわち 1 秒前を考えていることになる．1 秒後に分裂して 1 個になるのであるから，その前は 1/2 個だったと考えるのが妥当だろう．つまり，$2^{-1}=1/2$ である．また，実際の細胞分裂は整数秒ごとにいきなり起こるのではなく，連続した時間の流れの中で徐々に起こるのだから，たとえば 0.5 秒後の状態を考える必要もある．そのときの状態である $2^{1/2}$ に意味を与えておくことは重要なことである．

記号の約束 2.8 $a^{\frac{1}{n}}$ を $\sqrt[n]{a}$ と書き，a の $\boldsymbol{n}$ **乗根**と呼ぶ．特に $a^{\frac{1}{2}}$ は $\sqrt[2]{a}$ とは書かずに，単に $\sqrt{a}$ と書く習慣である．

問 2.9 $a^{\frac{m}{n}}=\sqrt[n]{a^m}=\sqrt[n]{a}^{\,m}$ であることを示せ．つまり，分子の m は根号の中に入れても外に出してもどちらでもよい．

例題 2.10 例題 2.2 で，マグニチュードが 0.5 大きくなったら地震のエネルギーは何倍になるか．

解説 素朴に考えて，エネルギーが β 倍になったとしよう．そこからさらにマグニチュードが 0.5 だけ大きくなったとすると，結局マグニチュードは $0.5+0.5=1$ だけ大きくなり，エネルギーは β^2 倍になる．従って，$\beta^2=32$ より $\beta=4\sqrt{2}$ となる．

しかし，指数法則を知っていれば，$E = A \cdot 32^M$ という表示を使って

$$E' = A \cdot 32^{M+0.5}$$

とおけば，

$$\frac{E'}{E} = \frac{A \cdot 32^{M+0.5}}{A \cdot 32^M} \overset{\text{(i)}}{=} \frac{32^M \cdot 32^{0.5}}{32^M} = 32^{0.5} = \sqrt{32} = 4\sqrt{2}$$

のように求めることもできる．■

問 2.11　次の値を最も簡単な形に書き替えよ．

(1) $2^{-\frac{1}{2}}$　(2) $\left(\frac{1}{5}\right)^{-2}$　(3) $\left(\frac{1}{8}\right)^{-\frac{4}{3}}$　(4) $\sqrt[6]{4}^{\,3}$　(5) $\sqrt[3]{\frac{1}{2}} \cdot \sqrt[6]{4^4}$

問 2.12　a^x を考えるとき，底 a が $a < 0$，たとえば $a = -1$ だとなぜまずいのだろうか．

問 2.13　方眼紙に $y = 2^x$ の値を $-2 \leqq x \leqq 3$ の範囲で 0.5 刻みでプロットせよ．$\sqrt{2} \fallingdotseq 1.414$ である．

問 2.13 の結果を見て，隙間を滑らかにつなげてグラフを描いてよいのかどうか不安に感じて躊躇した読者は優秀である．滑らかにつなげてよいという保証はどこにもないのだから．しかし，結果的にはそれでよいのである．次の表は数式処理ソフト *Mathematica* で計算させたものである．

x	1.4	1.41	1.414	1.4142	1.41421	1.414213
2^x の値	2.63902	2.65737	2.66475	2.66512	2.66514	2.66514

x は次第に増加しながら $\sqrt{2}$ に近づいているが，対応する 2^x の値も明らかにある値に向かって緩慢に増加しながら近づいていくようにみえる．これは，x の値の微小な変化は，2^x の値に関しても微小な変化しか惹き起こさないこと，つまり，**グラフ全体が縦に大きく変動したりすることはない**ことを示唆している[*2]．これが隙間を滑らかにつなげてよいことの根拠である．

[*2] $\sqrt{2}$ に収束する任意の有理数列 $\{x_n\}$ をとって，$2^{\sqrt{2}} = \lim_{n\to\infty} 2^{x_n}$ と定義するのである．x_n は有理数であるから，2^{x_n} の意味は既に知っていることに注意．

問 2.13 のプロットグラフを滑らかにつなげれば $y = 2^x$ のグラフが得られる（図 2.1 実線）.

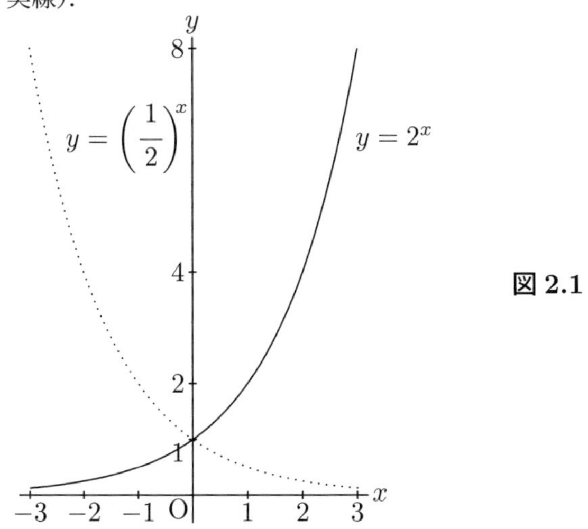

図 2.1

指数関数の底 a は $a > 0$ かつ $a \neq 1$ を満たせばよいので，$0 < a < 1$ の場合もあり得る．その例として，$y = (1/2)^x$ のグラフを描いたものが図 2.1 の点線である．

問 2.14　$y = 2^x$ と $y = (1/2)^x$ のグラフは y 軸に関して対称であるように見えるが，本当に対称であることをきちんと説明せよ．

問 2.15　$y = a^x$ で $0 < a < 1$ の場合，たとえば 0.9^x は $x = 1, 2, 3, \cdots$ と大きくなるにつれて逆に小さくなってゆくことを肌身に沁みて感じなさい．

指数関数のグラフについてのまとめ

指数関数 $y = a^x$ のグラフは，一般に $a > 1$ なら単調増加，$0 < a < 1$ なら反対に単調減少である．いずれの場合も常に $a^x > 0$ であり，x 軸は漸近線（ぜんきんせん）（グラフがそこに向かって果てしなく近づく直線）になっている．y 軸とは 1 のところで交わる（次ページ図 2.2）.

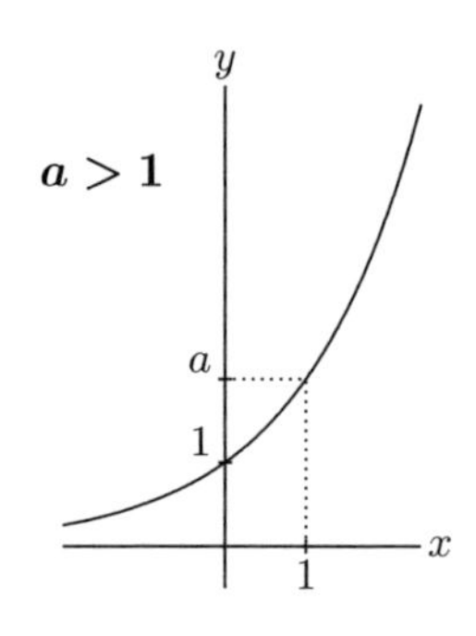

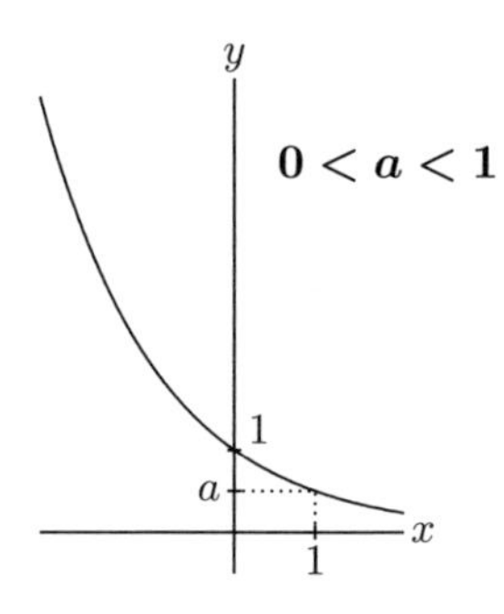

図 2.2

例題 2.16　次の計算をし，結果をできるだけ簡単な形に表せ．

(1) $6^5 \div 12^4 \times 24$　(2) $25^{1.5} \times \sqrt[3]{8}^{\,2}$　(3) $\sqrt{2} \div \sqrt[6]{2} \times \sqrt[3]{2^2}$

(4) $0.006 \times 10^2 \times 90 \times 3^{-\frac{5}{2}}$

解答　(1) $6^5 \div 12^4 \times 24 = \dfrac{(2\cdot 3)^5 \times 2^3 \cdot 3}{(2^2\cdot 3)^4} = \dfrac{2^8 \cdot 3^6}{2^8 \cdot 3^4} = 9$.

次のようにやってもよい．いつも同じ方法でしかできないというのは数学ではたいへん危険である．簡単な方法を工夫する習慣を身につけてほしい．

$6^5 \div 12^4 \times 24 = 6 \times 6^4 \div 12^4 \times 24 = 6 \times (1/2)^4 \times 24 = 9$.

(2) $25^{1.5} \times \sqrt[3]{8}^{\,2} = (5^2)^{\frac{3}{2}} \times (2^3)^{\frac{2}{3}} = 5^3 \times 2^2 = 500$.

(3) $\sqrt{2} \div \sqrt[6]{2} \times \sqrt[3]{2^2} = 2^{\frac{1}{2}} \times 2^{-\frac{1}{6}} \times 2^{\frac{2}{3}} = 2^{\frac{1}{2}-\frac{1}{6}+\frac{2}{3}} = 2$.

(4) 与式 $= 6 \cdot 10^{-3} \times 10^2 \times 9 \cdot 10 \times (1/9\sqrt{3}) = 6/\sqrt{3} = 2\sqrt{3}$.　∎

2.3　逆関数

関数のイメージ図を思い出そう（次ページ図 2.3）．これを工場だと思うことにしよう．ある日，この工場に見学に来た人が間違って出口から入ってしまったとする（次ページ図 2.4）．この人は先に製品 y を見てしまうため，生産ラインを他の見学者とは逆向きに「この製品 y のもとになった原材料 x は何だろう」と辿ることになる．

関数の立場からみると，この人にとっては y の方が入力になり，x の方が出力になっているわけである．同じ工場であっても，生産ラインを逆向きに

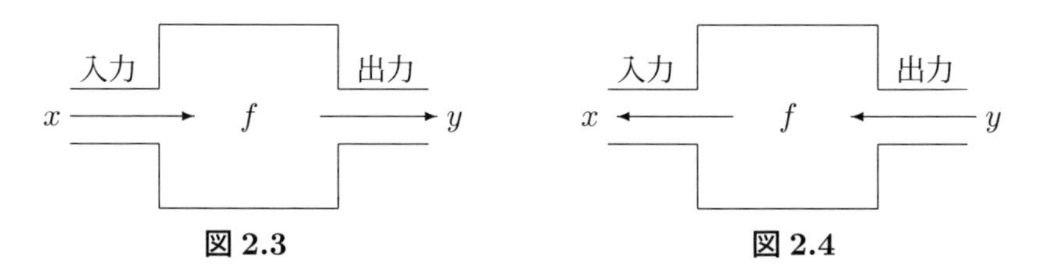

図 2.3 **図 2.4**

使うのであるから，関数としてみたときには「f の逆の機能」という意味で，f^{-1} と書くのが合理的である*3．以上を改めて絵に描き直してみると，

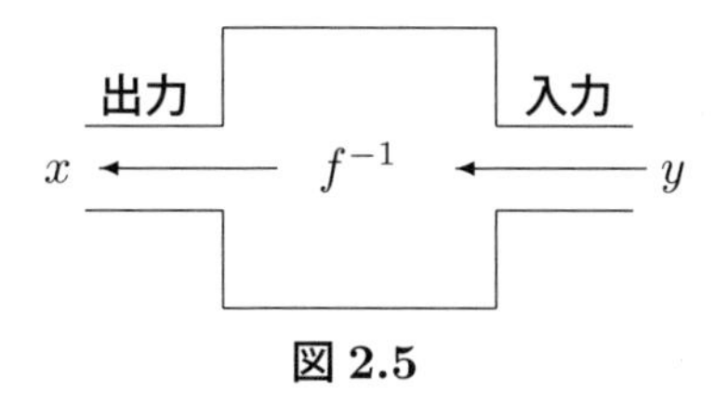

図 2.5

のようになる．図 2.3 の関数を $y = f(x)$ と書き表したのであるから，図 2.5 の関数は

$$x = f^{-1}(y)$$

と書くべきであることが納得できるだろう．これを $y = f(x)$ の**逆関数**と呼ぶのである*4．

記号の注意 2.17 $f^{-1}(y)$ のことを $\dfrac{1}{f(y)}$ だと勘違いする人が毎年いる．これだと逆関数ではなく，単なる逆数になってしまう．逆関数と逆数は全く違う．f や sin や tan などは関数記号であるが，**関数記号の右肩に -1 を乗せたものは必ず逆関数の意味になる．** 指数法則とは無関係であるから注意されたい．一方，$2^{-1} = 1/2$ であるが，これは 2 が数であって関数記号では

*3 -1 は "inverse" と読む．"マイナスいちじょう" と読まないこと．注意 2.17 参照．

*4 高等学校で真面目に逆関数を勉強した人は，$y = f^{-1}(x)$ ではないのかと思ったかも知れない．しかし，両方とも $y =$ と表してしまうとグラフを描くときには良くても，逆関数の微分法を勉強するときに不都合な事態が生じる．それに $x = f^{-1}(y)$ は "見たまま" なのでとても自然である．このように，状況に応じて**もとの関数とその逆関数を書き分ける**ことが大切になってくる．

ないからである．数や，数を表す記号の右肩に乗せた -1 は，常に指数法則通りに -1 乗の意味にとる．

問 2.18　次の各図が表す関数の逆関数を式で表せ．ただし，(2) では入力 $x \geqq 0$ とする．

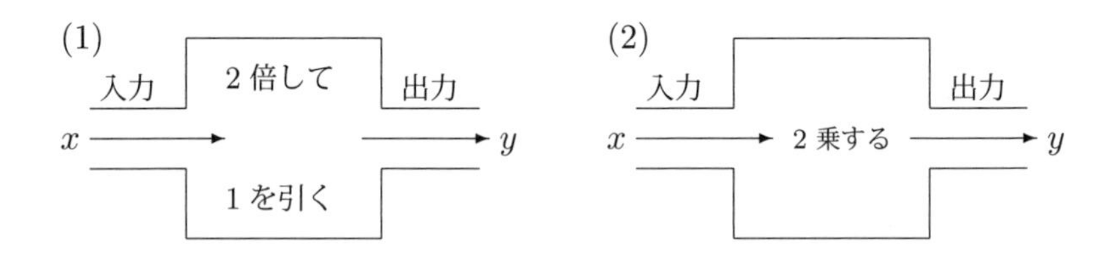

以上を図式的に表せば，次のような構図になっていることがわかる．

$$\text{もとの関数}\ \ y = f(x) \ \underset{y\text{ について解く}}{\overset{x\text{ について解く}}{\rightleftarrows}}\ \text{逆関数}\, x = f^{-1}(y).$$

2.4　対数関数

では，指数関数 $y = a^x$ の逆関数はどうなるだろう．問 2.18 では，逆関数は既存の演算記号＋－×÷および $\sqrt{\ }$ を使って書き表せたが，**指数関数の逆関数はこの 5 種類の記号をどんなに組み合わせても書き表せない**ことがわかる．だから，そのために新しい記号を作らざるを得ないわけである．それが $\log_a$ という記号である．すなわち，

$$\text{もとの関数}\ \ y = a^x \ \underset{y\text{ について解く}}{\overset{x\text{ について解く}}{\rightleftarrows}}\ \text{逆関数}\ x = \log_a y.$$

さて，逆関数はとても重要な概念なので，逆関数の方を主体にしたいケースや，もとの関数とは独立に逆関数だけを考えたいケースが頻繁に現れる．そのようなときのためにも，「逆関数が log」のように固定して覚えてしまう

とたいへんまずいことになる．逆関数というのは三角関数とか指数関数などと同じ個々の関数につけられた名前ではなく，操作の名前だからである．「x について解く」「y について解く」というふたつの操作によって入れ替わることができるものを「互いに他の逆関数」と呼ぶのである．従って，次のような表示も可能である．

$$y = f^{-1}(x) \quad \underset{y\text{ について解く}}{\overset{x\text{ について解く}}{\rightleftarrows}} \quad x = f(y).$$

「どちらが逆関数」なのではなく，「互いに他の逆関数」という視点を獲得することが何より重要である．

例 2.19 対数関数だけを独立に扱うときは，もちろん $y = \log_a x$ と書く．その逆関数は指数関数 $x = a^y$ である．別な書き方をすれば，

$$\square = a^{\blacksquare} \overset{\text{同値}}{\iff} \blacksquare = \log_a \square$$

という関係にある．言葉で表現するなら，

$\log_a x$ とは，「x が a の何乗か」を表す記号である

ということである．$\log_a x$ の a は，指数関数 $x = a^y$ の底 a と同じものである．これをやはり対数関数の**底**と呼ぶ．

例 2.20 $\log_3 81 = 4, \quad \log_{\frac{1}{2}} 32 = -5, \quad \log_9 \sqrt{3} = \dfrac{1}{4}.$

問 2.21 次の値を求めよ．

(1) $\log_{0.2} 25$ (2) $\log_{\sqrt{2}} \dfrac{1}{4}$ (3) $\log_7 \sqrt[3]{49}$ (4) $\log_5 0.04$ (5) $\log_8 1$

2.5　対数関数のグラフ

この節では，対数関数を主役として $y = \log_a x$ と記し，指数関数 $x = a^y$ がその逆関数という立場に立つ．前節で説明したように，このふたつの式は同値――見かけは違っても中身は同じ――なので，それぞれが表す関数のグラフは同一なのである．$y = \log_2 x$ と $x = 2^y$ は共に x と y の関係を表す式であり，見かけは違ってもそれぞれが表す数学的内容はまったく同じなのであるから，x と y の関係の描図であるグラフも同じなのである．同じコップを真上から見たり真横から見たりするような違いに過ぎない．

下図 2.6 が $x = 2^y$ のグラフである．横軸が y 軸，縦軸が x 軸に入れ替わっていることに注意せよ．そして，これが $y = \log_2 x$ のグラフでもある．そこで図 2.6 の軸をグラフごと通常通りに戻せば下図 2.7 になり，これが $y = \log_2 x$ のグラフというわけである．対数関数のグラフは指数関数のグラフを「寝かせた」だけで，両者の形はまったく同じなのである．

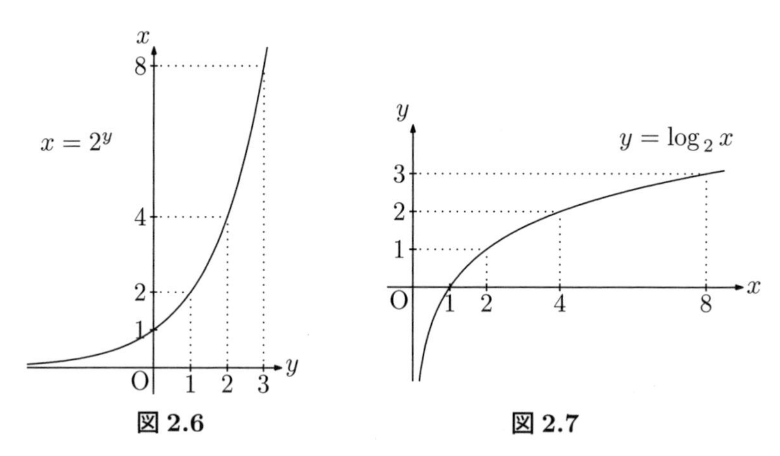

図 2.6　　図 2.7

今度は，図 2.7 の $y = \log_2 x$ のグラフと本来の $y = 2^x$ のグラフを同時に描いてみよう (次ページ図 2.8)．ふたつのグラフが直線 $y = x$ に関して対称になっていることがみてとれる．このことは，図 2.6 から図 2.7 に移行する際に行った操作が，実は直線 $y = x$ に関する対称移動に他ならない ($y = x$

を対称軸にして 1 回転させてみよ）ことからわかる．一般に $a > 1$ のときの $y = a^x$ のグラフと $y = \log_a x$ のそれも図 2.8 と同様の関係にある．

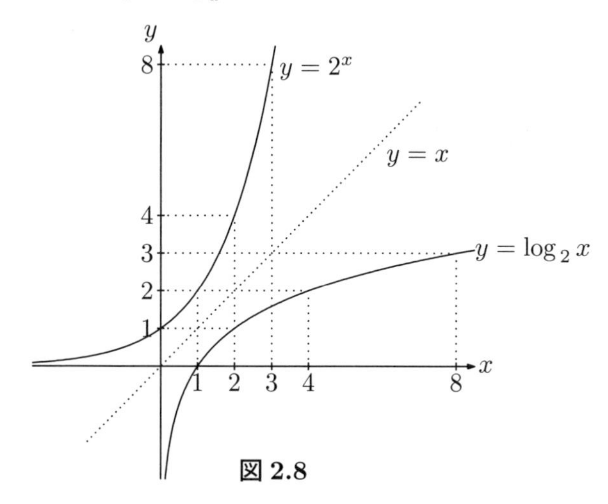

図 2.8

最後に，$0 < a < 1$ の場合のグラフを一般的な形で描いておく．

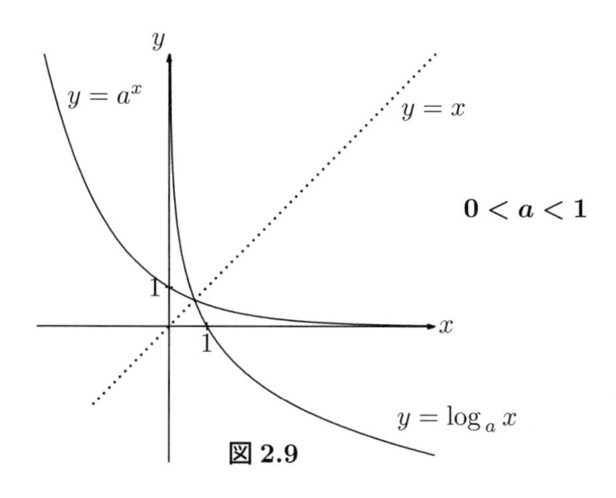

図 2.9

このように，指数関数 $y = a^x$ と対数関数 $y = \log_a x$ のそれぞれのグラフは常に直線 $y = x$ に関して対称になるのである．

2.6 対数関数の性質

対数関数の性質 2.22

対数関数は次の (1)〜(3) の性質をもつ.

(1) $\log_a MN = \log_a M + \log_a N$

(2) $\log_a M/N = \log_a M - \log_a N$

(3) $\log_a M^r = r\log_a M$ （r は実数の定数）

証明 $\log_a M = x, \log_a N = y$ とおく．これは $a^x = M, a^y = N$ と同じこと.

(1) 指数法則により，$MN = a^x \cdot a^y = a^{x+y}$ となるが，これは $x+y = \log_a MN$ と同じこと．すなわち，$\log_a M + \log_a N = \log_a MN$.

(2) 指数法則により，$M/N = a^x/a^y = a^{x-y}$ となるが，これは $x-y = \log_a M/N$ と同じこと．すなわち，$\log_a M - \log_a N = \log_a M/N$.

(3) 指数法則により，$a^{rx} = (a^x)^r = M^r$ となるが，これは $\log_a M^r = rx$ を示している．すなわち，$\log_a M^r = r\log_a M$. ∎

以上が普通の証明である．よく読んで「なるほど」と納得することが大事であるが,「なぜこのような性質をもつことが事前にわかったのか」と問われると困る．そこで，これらが当たり前の性質であることを説明しよう.

$a^x = M, a^y = N$ とすると，指数法則によって

$$a^{x+y} = a^x \cdot a^y = M \cdot N$$

であった．関数のイメージ図を思い浮かべると，これは，**指数関数が「入力の和（$x+y$）を出力で積（MN）に変える」性質をもっている**と読める．対数関数は指数関数の逆関数であるから，入出力が逆になって，**対数関数には「入力の積（MN）を出力で和（$x+y$）に変える」性質がある**はずである．それが (1) である．つまり，対数関数の性質 2.22 (1)〜(3) は，それぞれ 12 ページの指数法則 2.4 (i)〜(iii) の単なる裏返しに過ぎないのである.

もうひとつ重要なものに底の変換公式がある．底が基準のことだということをはっきり理解するのに，その証明を与えることはとても有効である.

底の変換公式 2.23

$\log_a b$ に対し，別の（たいていは計算に便利な）実数 c $(c > 0, c \neq 1)$ をとると，

$$\log_a b = \frac{\log_c b}{\log_c a}$$

が成り立つ．

証明　$\log_a b$ とは a を基準にして b が a の何乗か，ということを表す数だから，$\log_a b = x$ とすれば，$a^x = b$ だと言っている．そこで基準を a から別の c に変えてみよう．そして a も b も新しい基準 c で表してみる．仮に，$a = c^y, b = c^z$ となったとしよう．これを $a^x = b$ に代入してみると，

$$(c^y)^x = c^z \quad \text{すなわち} \quad x = \frac{z}{y}$$

が得られる．ところで，$\log_c a = y$ および $\log_c b = z$ なので，

$$\log_a b = \frac{\log_c b}{\log_c a}$$

である．$a^x = b$ の両辺の c を底とする対数をとって示すこともできる．■

2.7　片対数グラフ

化学的な現象を表す曲線として，単調減少の指数関数 $y = Ca^{-x}$ $(a > 1)$ が頻繁に現れる（次ページ図 2.10）．C は定数である．この指数関数は急速に減少した後，今度は緩慢に減少するので，実験などでグラフを観察するときには少々困難を伴う．そこで，$y = Ca^{-x}$ の両辺の a を底とする対数をとってみると，

$$\log_a y = \log_a Ca^{-x} = \log_a C - x$$

となるから，縦軸の変数 y を $Y = \log_a y$ に取り換えれば，上式は

$$Y = -x + \log_a C$$

という簡単な 1 次関数になってしまう（次ページ図 2.11）．

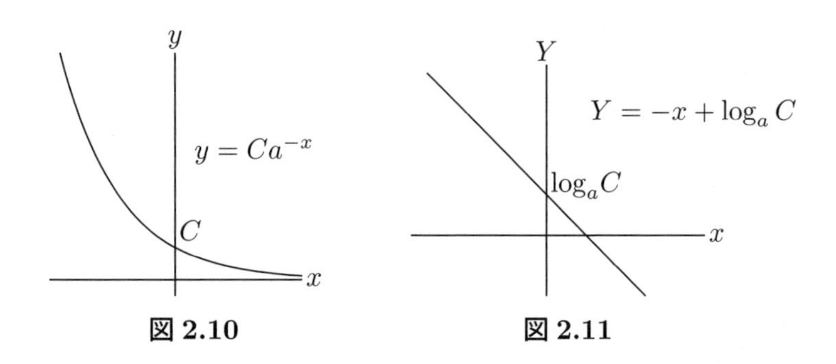

図 2.10　　図 2.11

図 2.11 のように，縦軸だけを対数目盛にとったグラフを**片対数グラフ**と呼ぶ.

注意 2.24　$y = Ca^{-x}$ の両辺の対数をとるとき，a とは異なる b を底にとる場合がある．そのときは,

$$\log_b y = \log_b Ca^{-x} = \log_b C - x \log_b a$$

となる．x の後ろから $\log_b a$ が掛かっているので，この直線の傾きは $-\log_b a$ である*5.

2.8　常用対数と自然対数

注意 2.24 に述べたようなことは化学や薬学の分野では実際に必要になる．というのは，実験科学の世界では特に重要な対数の底がふたつあるからである．ひとつは 10，もうひとつは e という抽象的な無理数である．底が 10 の対数を**常用対数**，底が e の対数を**自然対数**と呼ぶ．e については第 3 章 6 節で詳しく解説する.

実験科学の世界において常用対数が使われる理由は明白である．実験の測定値や化学定数の多くは $1.4 \times 10^{-5}\mathrm{mol}/\ell$ のような 10 進法で表示されるか

*5 ふつう直線の傾きは x の前から掛けるものだが，$\log_b ax$ と書くと $\log_b(ax)$ と区別がつき難くなってしまうので，後ろから掛けるのである．どうしても前から掛けたいならば，$(\log_b a)x$ と書かねばならない.

らである．このままだと扱いにくいが，常用対数をとれば，

$$\log_{10}(1.4 \times 10^{-5}) = \log_{10} 1.4 - 5 \doteqdot -4.75$$

のように扱いやすい小さな数に変換できる．つまり，常用対数の存在理由（レゾンデートル）は，我々の世界の記数法が 10 進法に拠っているという現実にある．

一方，自然対数を使うのは，化学的な現象の速度を考察するときに微分を使うからである．微分は数学において最も重要な演算であるが，e を底とする指数関数 e^x は，微分によって不変に保たれる唯一の関数である．これは微分にとって最上級に良い性質なのである[*6]．

化学現象には $y = Ce^{-kx}$（C, k は定数）のような指数関数がしばしば現れる．C はこの現象の初期値に当たるから 10 進法で測定されている．従って，この両辺の対数をとる必要があるときは常用対数をとるのがよい．

$$\log_{10} y = \log_{10} Ce^{-kx} = \log_{10} C + \log_{10} e^{-kx} = \log_{10} C - (k \log_{10} e)\, x.$$

ここで，どうしても $\log_{10} e$ の値を知る必要が生じることになる．実験科学では頻出するのでだいたいの値は覚えておくと便利である．

代表的な常用対数値

$$\log_{10} 2 = 0.30103\,, \quad \log_{10} 3 = 0.477121\,, \quad \log_{10} e = 0.434294$$

[*6] 微分計算を通して気づいておられる読者もあると思うが，微分をする度に，たいていの関数は滑らかさを失った複雑なものになってゆく．

演習問題 2

1 過疎が社会問題になってきた頃，ある政党の機関誌に，毎年 1 割の村人が流出すれば，10 年で村は空っぽになってしまうと書いてあった．これは正しいか．正しくないならば正しく直せ[*7]．

2 次の値を $a \times 10^n$ $(1 \leqq a < 10,\ n$ は整数$)$ の形に表せ．

(1) $\dfrac{1}{8 \times 10^{-3}}$　(2) $0.002 \times 10^{-5} + 7 \times 10^{-6}$　(3) $\sqrt{0.125 \times 10^{-6} \times 18}$

3 次の式を簡単にせよ．

(1) $\sqrt{3} \times \sqrt[4]{6} \times \dfrac{1}{\sqrt[4]{540}} \times \sqrt[4]{10}$　(2) $(x^p)^{q-r}(x^q)^{r-p}(x^r)^{p-q}$

4 次の式の値を求めよ．

(1) $3^{\log_3 5}$　(2) $\left(\dfrac{1}{8}\right)^{\log_2 3}$

5 $\log_{10} 2 = a,\ \log_{10} 3 = b$ として，次の各式を $a,\ b$ を使って表せ．

(1) $\log_{10} 18$　(2) $\log_{10} 25$　(3) $\log_{10} \dfrac{\sqrt{6}}{3}$　(4) $\log_{10} \dfrac{1}{\sqrt{12}}$　(5) $\log_2 10$

(6) $\log_3 5$　(7) $\log_{\sqrt{3}} \dfrac{1}{\sqrt{2}}$　(8) $\log_{\frac{1}{\sqrt{2}}} \sqrt[3]{5}$

6 連立方程式

$$\begin{cases} \log_x y = 2 \\ \log_2(x+1) + \log_2(y-1) = 5 \end{cases}$$

を解け．

7 水素イオンのモル濃度 $[\mathrm{H}^+]$ に対し，$\mathrm{pH} = -\log_{10}[\mathrm{H}^+]$ で計算される．ある溶液の $\mathrm{pH} = 2.7$ のとき，その溶液の水素イオンモル濃度 $[\mathrm{H}^+]$ を求めよ．$\log_{10} 2 = 0.3$ とし，答は $a \times 10^n$ $(a,\ n$ は整数$)$ の形に表せ．

[*7] 森毅『指数・対数のはなし』（東京図書，2009）．

第3章

微分法

3.1 微分の意味

直線はわかり易いが曲線はわかり難い．しかし，世の中に現れる現象には曲線で表されるものが多い．これが微分という概念が生まれた動機であろう．微分積分学の歴史を辿ればわかるように，微分は 17 世紀になって初めて考え出されたものであり，ガリレオやニュートンが明らかにしたことは，重力の下で物体の運動を表そうとすると必然的に 2 次関数が現れるということであった．2 次関数に基づいた運動をしている物体の瞬間の動きを捉えようとすることは，ちょうど**グラフへの接線を考える**ことに相当する．

下図 3.1 は放物線 $y = x^2$ の点 $(1, 1)$ における接線を描いたものである．

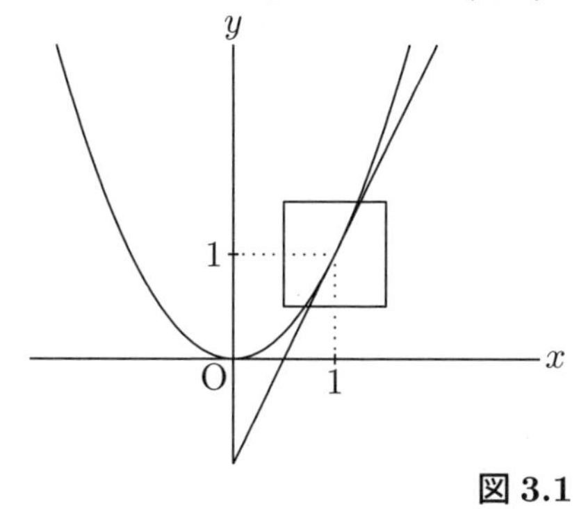

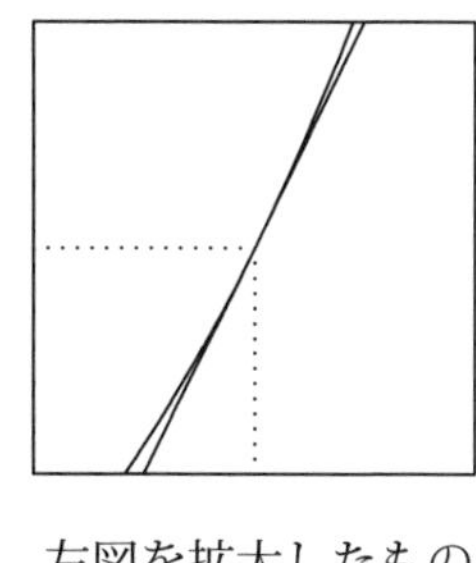

左図を拡大したもの

図 3.1

図 3.1 の拡大図を見ればわかるように，接点 (1, 1) の近傍では，放物線と接線は非常に近い．これは，接点の近傍では，放物線（曲線）の代わりに接線（直線）で置き換えても構わないことを意味する．これが微分法の基本的な考え方である．

微分法の根本原理 3.1

微分法とは，接線を考えることによって，接点の近傍で曲線を直線（1 次式）で近似する方法論のことである．微分法＝接線法なのである．

3.2 微分係数と導関数

放物線への接線だけを考えているなら，代数的な判別式を用いて接線を求めることもできる．しかし，$\sin x$ のような超越関数ではそれができない．

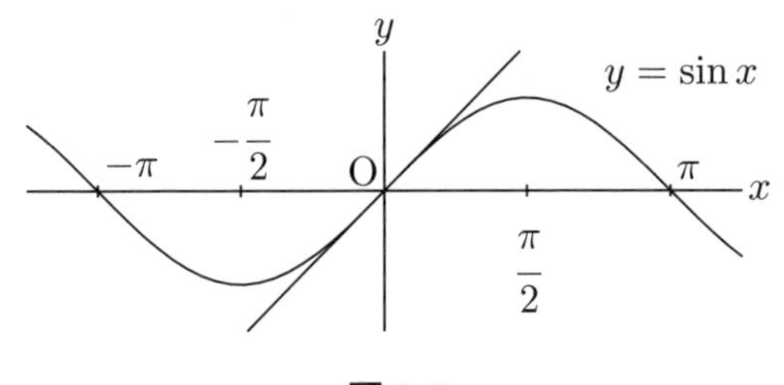

図 3.2

そこで，**極限**という概念を導入することによって，曲線へ接線を引くための普遍的な方法論を確立したい[*1]．次ページ図 3.3 のように $y = f(x)$ 上の点 $\mathrm{P}(a,\, f(a))$ を固定し，もうひとつ点 $\mathrm{Q}(a+h,\, f(a+h))$ をとって，直線 PQ およびその傾きを考える．図では Q は P の右にあるが，左にあっても一向に構わない．このとき，直線 PQ の傾きは

[*1] 曲線の接線を求めるに当たって，デカルト（1596-1650）は判別式を利用する純代数的な方法にこだわり，一方フェルマ（1601-1665）は実質的にこれから述べる微分法と同じ考え方を用いた．超越関数に対してはデカルトの方法は無力なので，フェルマの方法の優位性は明らかであるが，デカルトはフェルマの方法が機械的だとして批判し，2 人は激しい論争を繰り広げた．フェルマの方法はやがてニュートン（1642-1727）とは独立に微積分法を発見したライプニッツ（1646-1716）に引き継がれることになる．

$$\frac{f(a+h)-f(a)}{h} \tag{3.1}$$

で与えられる．

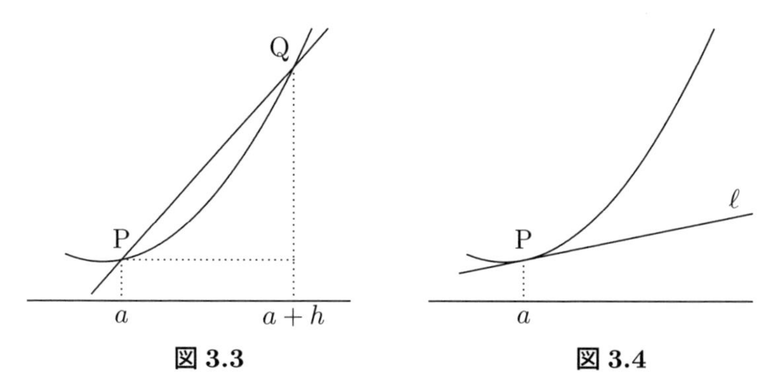

図 3.3　　**図 3.4**

Q を曲線上を滑らせて，（P には一致しないようにして）P に果てしなく近づけていってみよう．これは，h が（0 にはならずに）0 に果てしなく近づいていくことと同値であるが，このことを記号で $h \to 0$ と書くことにする．このとき，直線 PQ は果てしなく P での接線 ℓ に近づいていくように思えるだろう（図 3.4）．

定義 3.2　接線 ℓ の傾きを

$$\lim_{h \to 0} \frac{f(a+h)-f(a)}{h} \tag{3.2}$$

と書き表す．これは (3.1) の前に $\lim_{h\to 0}$ という記号をつけたもので，$h \to 0$ としたときの (3.1) の「行き着く果てにあるはずの値」というほどの意味である．この操作を「h が限りなく 0 に近づいてゆくときの (3.1) の**極限値**」と読む[*2]．

例題 3.3　関数 $f(x) = x^2$ に対して極限値 (3.2) を計算せよ．

[*2] 微積分の発明者であるニュートンとライプニッツには未だ極限という考え方はなく，無限小という概念を使っていた．極限概念が厳密に確立するのは 19 世紀のコーシー（1789-1857）を待たなくてはならない．

解答 $f(a+h)$ に不安があるなら第1章例題1.5も確認しておこう．

$$\lim_{h\to 0}\frac{f(a+h)-f(a)}{h}=\lim_{h\to 0}\frac{(a+h)^2-a^2}{h}=\lim_{h\to 0}\frac{2ah+h^2}{h}$$
$$=\lim_{h\to 0}(2a+h)=2a$$

となる．ふたつ注意をしておく．ひとつは，h は 0 に一致せずに 0 に際限なく近づくわけだから，$2a+h$ は $2a$ に際限なく近づくが，$2a$ に一致することはない．それなのに $=2a$ と書いてよいのか，という疑問である．$h\to 0$ のとき，$2a+h$ が近づくなれの果てにあるはずの値は $2a$ 以外にあり得ない．だから等号を使う．$0.999\cdots=1$ と同じ理屈である．もうひとつは細かいことだが，分母分子で h を約分する際にも，$h\neq 0$ が保証されているからこそ約分ができたということである．

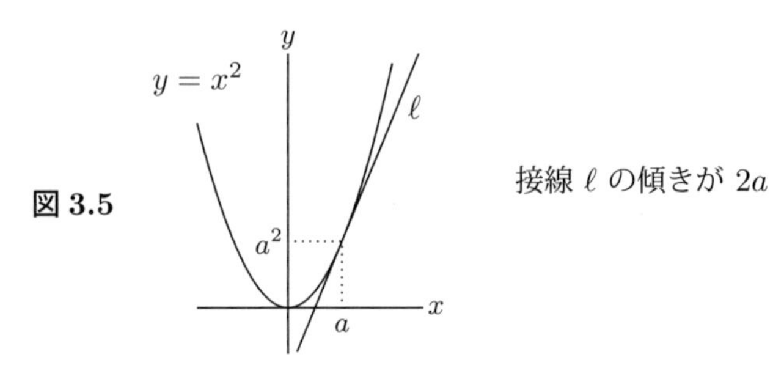

図 3.5 接線 ℓ の傾きが $2a$

∎

例題 3.4 関数 $f(x)=x$ に対して極限値 (3.2) を計算せよ．

解答 $y=x$ は直線である．直線に引いた接線とは何だろうと考えつつ先を読もう．

$$\lim_{h\to 0}\frac{f(a+h)-f(a)}{h}=\lim_{h\to 0}\frac{(a+h)-a}{h}=\lim_{h\to 0}\frac{h}{h}=\lim_{h\to 0}1=1.$$

上式の中で，最後の等式

$$\lim_{h\to 0}1=1$$

に戸惑った読者もあるのではなかろうか．定数 1 は h を含まないので，$h\to 0$ という極限操作の影響を全く受けない．従って，「行き着く果てにあるはずの値」も 1 のままだと考えるのである．ということは，直線の接線はそれ自身ということになるのである．→注意 3.7.　∎

問 3.5　関数 $f(x) = c$（定数）および $f(x) = x^3$ に対して（3.2）を計算せよ．

定義 3.6

極限値 (3.2) を $f'(a)$ と書き，$f(x)$ の $x = a$ における**微分係数**と呼ぶ．すなわち，微分係数 $f'(a)$ は点 $(a,\, f(a))$ における接線の傾きである；

$$\lim_{h \to 0} \frac{f(a+h) - f(a)}{h} = f'(a). \tag{3.2}$$

注意 3.7　$y = f(x)$ 上の点 $(a,\, f(a))$ における接線 ℓ の傾きが $f'(a)$ であるから，ℓ の方程式は

$$y - f(a) = f'(a)(x - a) \tag{3.3}$$

で与えられる．実を言うと，接線とは目で見て「ああ接しているな」と判断するものではなく，(3.3) で与えられる直線を接線と定義するのである．

注意 3.8　（3.2）は次式と同値である（図 3.6 参照）．

$$\lim_{x \to a} \frac{f(x) - f(a)}{x - a} = f'(a). \tag{3.4}$$

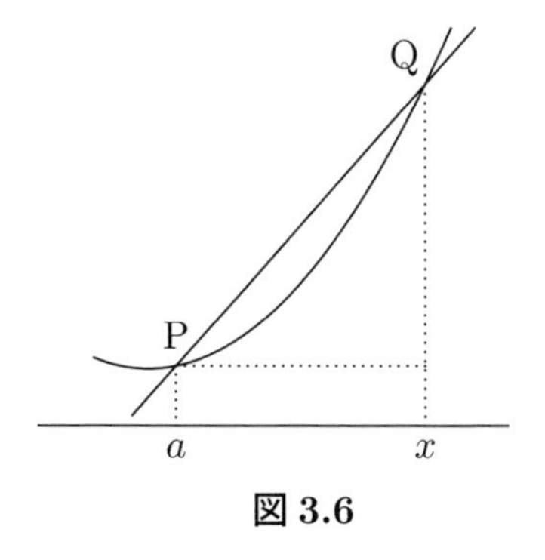

図 3.6

$\mathrm{P}(a,\, f(a))$ は図 3.3 と同じだが，Q の座標を $\mathrm{Q}(x,\, f(x))$ に変える．このとき，直線 PQ の傾きは

$$\frac{f(x) - f(a)}{x - a}$$

であり，Q が P に果てしなく近づくことは $x \to a$ と同値である．

(3.4) において，x が a に近いときを考えると次の近似式が成り立つ.

$$\frac{f(x)-f(a)}{x-a} \fallingdotseq f'(a).$$

分母を払って整理すると

$$f(x) \fallingdotseq f'(a)(x-a)+f(a)$$

となり，これはまさしく接点の近傍では $f(x)$ が接線で近似できることを示している.

今までは「特定の点で接線を引く」ことを考えてきた. しかし，定義域の各点で (3.2) によって $f'(a), f'(b), f'(c), \cdots$ を計算していてはきりがない. そこで次の式を考える.

$$f'(x) = \lim_{h\to 0}\frac{f(x+h)-f(x)}{h}.$$

微分係数の定義式 (3.2) の a のところが x に置き換わっただけであるが，印象が一変したのではないか. 第1章注意 1.10 にあるように，文字にはそれぞれ役割があって，a は定数として特定の点を表すのに対して，x は不特定の点，すなわち変数として一般の点を代表して表すのであった. 従って，$f'(x)$ は $f(x)$ と同じように関数である. $f'(x)$ は不特定の点での $f(x)$ の接線の傾きを与える関数である.

導関数の定義 3.9

$$f'(x) = \lim_{h\to 0}\frac{f(x+h)-f(x)}{h}$$

で定義される関数 $f'(x)$ を，「f から導かれた」という意味で $f(x)$ の**導関数**と呼び，導関数 $f'(x)$ を求めることを $f(x)$ を**微分する**という.

$f'(a), f'(b), \cdots$ を求めたいときは，いちいち定義 3.6 に戻らないで，最初に導関数 $f'(x)$ を求めておいて，そこに $x=a, b, \cdots$ を代入すればよいのである.

微分係数（3.2）はいつも存在するわけではない．存在するとき，$f(x)$ は $x = a$ で**微分可能**であるという．$f(x)$ がその定義域の各点で微分可能であるとき，導関数 $f'(x)$ が存在するわけである．

例題 3.10　$f(x) = c$（定数），x, x^2, x^3 の場合に，それぞれ $f'(x)$ を求めよ．この結果から，一般に $f(x) = x^n$（n は自然数）の導関数を推測せよ．

解答　例題 3.3，例題 3.4，問 3.5 の結果をまとめると，$f(x)$ が上の場合，$x = a$ における微分係数は順に

$$f'(a) = 0,\ 1,\ 2a,\ 3a^2$$

である．この a を x に書き換えるだけでよいから，導関数は順に

$$f'(x) = 0,\ 1,\ 2x,\ 3x^2$$

となる．$f'(x) = 0, 1$ とは，それぞれ常に 0, 1 を出力する定数関数である．

$$(x)' = 1,\ (x^2)' = 2x,\ (x^3)' = 3x^2$$

と書けばいっそう明らかなように，$n = 1, 2, 3, \cdots$ に対して一般に

$$(x^n)' = nx^{n-1} \tag{3.5}$$

であると推測される．■

問 3.11　$f(x) = c$（定数）の導関数は $f'(x) = 0$ であった．これは，$f(x) = c$ のグラフへの接線の傾きが常に 0 であると主張している．このことを $f(x)$ のグラフを描いて確かめよ．$f(x) = x$ についても同じことを実行せよ．

問 3.12　例題 3.10 で推測した（3.5）を数学的帰納法で証明せよ．ただし，次節の導関数の基本公式（III）を使う必要がある．

導関数の記号 3.13　$y = f(x)$ の導関数を表す記号として，$f'(x)$ の他に最も簡易な y' がある．おそらく読者は高等学校で馴染んでいるであろう．実は，もうひとつ非常に重要な導関数記号があり，それを 3.7 節で学ぶ．→ライプニッツの微分記号 3.33.

3.3 導関数の基本公式

導関数の基本公式 3.14

$f(x)$, $g(x)$, 定数 c に対して次の各式が成り立つ.

(I) $\{f(x) \pm g(x)\}' = f'(x) \pm g'(x)$.

(II) $\{c\,f(x)\}' = c\,f'(x)$.

(III) $\{f(x)\,g(x)\}' = f'(x)\,g(x) + f(x)\,g'(x)$. (積の微分公式)

(IV) $\left\{\dfrac{f(x)}{g(x)}\right\}' = \dfrac{f'(x)\,g(x) - f(x)\,g'(x)}{\{g(x)\}^2}$. (商の微分公式)

(V) $\left\{\dfrac{1}{g(x)}\right\}' = -\dfrac{g'(x)}{\{g(x)\}^2}$.

証明[*3]

(I)
$$\begin{aligned}\{f(x) \pm g(x)\}' &= \lim_{h \to 0} \frac{\{f(x+h) \pm g(x+h)\} - \{f(x) \pm g(x)\}}{h} \\ &= \lim_{h \to 0} \frac{f(x+h) - f(x)}{h} \pm \lim_{h \to 0} \frac{g(x+h) - g(x)}{h} \\ &= f'(x) \pm g'(x).\end{aligned}$$

(II)
$$\begin{aligned}\{c \cdot f(x)\}' &= \lim_{h \to 0} \frac{c \cdot f(x+h) - c \cdot f(x)}{h} \\ &= c \cdot \lim_{h \to 0} \frac{f(x+h) - f(x)}{h} \\ &= c \cdot f'(x).\end{aligned}$$

(III)
$$\{f(x)\,g(x)\}' = \lim_{h \to 0} \frac{f(x+h)\,g(x+h) - f(x)\,g(x)}{h}$$

[*3] ここで使われる極限の性質については何も説明していないので，厳密にはこれは証明になっていない．この性質をきちんと証明するのは意外に難しい．

$$
\begin{aligned}
&= \lim_{h\to 0}\left\{\frac{f(x+h)\,g(x+h) - f(x)\,g(x+h)}{h}\right. \\
&\quad \left. + \frac{f(x)\,g(x+h) - f(x)\,g(x)}{h}\right\} \\
&= \lim_{h\to 0}\left\{\frac{f(x+h) - f(x)}{h}\cdot g(x+h)\right\} \\
&\quad + f(x)\cdot \lim_{h\to 0}\frac{g(x+h) - g(x)}{h} \\
&= f'(x)\,g(x) + f(x)\,g'(x).
\end{aligned}
$$

(IV)　$\dfrac{f(x)}{g(x)} = h(x)$ とおき，　$f(x) = g(x)h(x)$ に (III) を適用する．

$$
f'(x) = g'(x)h(x) + g(x)h'(x)\,.
$$

これを $h'(x)$ について解けば，

$$
\begin{aligned}
h'(x) &= \frac{f'(x) - g'(x)h(x)}{g(x)} = \frac{f'(x) - g'(x)\cdot\dfrac{f(x)}{g(x)}}{g(x)} \\
&= \frac{f'(x)\,g(x) - f(x)\,g'(x)}{\{g(x)\}^2}.
\end{aligned}
$$

(V)　(IV) で $f(x) \equiv 1$ の場合である．　■

3.4　多項式関数・有理関数の導関数

例 3.15　これまでの結果から，多項式関数の微分は次のようにできる．

$$
(x^3 - 3\,x^2 + 5\,x - 2)' = (x^3)' - (3\,x^2)' + (5\,x)' - (2)' = 3\,x^2 - 6\,x + 5\,.
$$

例題 3.16 有理関数 $f(x) = 1/x^n$ (n は自然数) を基本公式 (V) を使って微分せよ．この結果を指数法則の観点からみるとどんなことがいえるか．

解答

$$\left(\frac{1}{x^n}\right)' = -\frac{(x^n)'}{(x^n)^2} = -\frac{nx^{n-1}}{x^{2n}} = -\frac{n}{x^{n+1}}$$

である．この最初と最後の結果を指数法則を使って書き直すと，

$$(x^{-n})' = -nx^{-n-1}$$

となる．これは (3.5) が負の整数に対しても成り立つことを示している．▮

ここまでのまとめ

> 整数 $n = 0, \pm1, \pm2, \cdots$ に対し，いつでも
>
> $$(x^n)' = nx^{n-1} \tag{3.6}$$
>
> が成り立つ．また，定数 c に対しては，$(c)' = 0$ となる．

例題 3.17 $y = 1/2x^6$ を微分せよ．

解答 商の微分公式 (V) でもできるが，(3.6) を使う方がはるかに簡単である．

$$y' = \left(\frac{1}{2}x^{-6}\right)' = \frac{1}{2}\cdot(x^{-6})' = \frac{1}{2}\cdot(-6x^{-7}) = -\frac{3}{x^7}.$$

▮

問 3.18 次の各関数を微分せよ．

(1) $y = -2x^5 + 3x^2 - 1$ (2) $y = \dfrac{2}{x^2}$ (3) $y = \dfrac{1}{2}x^2 - \dfrac{1}{3}x^{-3}$

(4) $y = \dfrac{1}{x^2 + 5x + 7}$ (5) $y = \dfrac{2x + 3}{x + 2}$ (6) $y = \dfrac{1}{99x^{99}}$

3.5 三角関数の導関数

すべての三角関数の微分のもとになる重要な極限値がある.

命題 3.19 x を弧度として，次が成り立つ.

$$\lim_{x \to 0} \frac{\sin x}{x} = 1. \tag{3.7}$$

証明 この事実を数学的に厳密に証明するのは案外難しく，たいていの教科書に載っている証明は実は巧妙にインチキをしている[*4]. ここでは中途半端な証明を与えることは初めから諦めて，この事実が何を主張しているのかということを説明することで証明に代えようと思う.

図 3.7 のように，半径 1，中心角 x ラジアンの扇形 OPQ を考える. 弧度と正弦の定義から

$$弧\ \overset{\frown}{\mathrm{PQ}} = x,\ \ \mathrm{QR} = \sin x$$

となる.

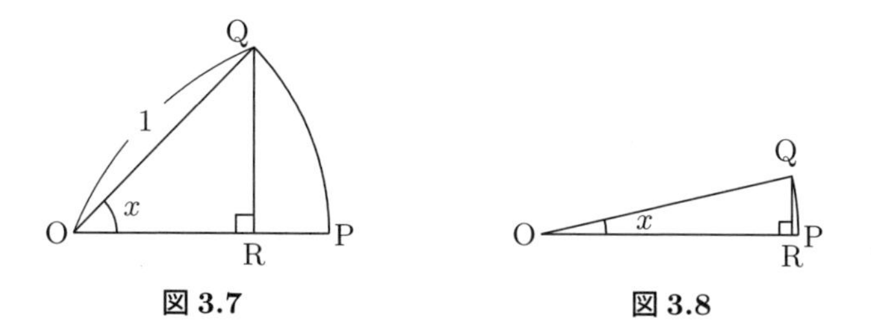

図 3.7　図 3.8

図 3.7 では x がまだ大きいので，弧 $\overset{\frown}{\mathrm{PQ}}$ と線分 QR にはだいぶ差があるが，図 3.8 のように，x が 0 に近づくとその差はほとんどなくなって $x \fallingdotseq \sin x$ となり，$x \to 0$ の極限においては等しくなる，というのが (3.7) の意味である. x と $\sin x$ は同じ速さで 0 に近づくというのが主張の中身なのである. 図 3.2 で $y = \sin x$ と $y = x$ のグラフが $x = 0$ で接していることがそれを図形的に表している. ∎

*4 どこがインチキか見抜けるだろうか.

命題 3.19 と積和の公式

$$\sin\beta\cos\alpha = \frac{1}{2}\{\sin(\alpha+\beta) - \sin(\alpha-\beta)\}$$

を用いると，$f(x) = \sin x$ は定義 3.9 に基づいて次のように微分できる．

$$\begin{aligned} f'(x) &= \lim_{h\to 0}\frac{f(x+h)-f(x)}{h} = \lim_{h\to 0}\frac{\sin(x+h)-\sin x}{h} \\ &\overset{(*)}{=} \lim_{h\to 0}\frac{2\sin\dfrac{h}{2}\cos\left(x+\dfrac{h}{2}\right)}{h} = \lim_{h\to 0}\frac{\sin\dfrac{h}{2}}{\dfrac{h}{2}}\cdot\lim_{h\to 0}\cos\left(x+\frac{h}{2}\right) \\ &\overset{(\dagger)}{=} 1\cdot\cos x = \cos x\,. \end{aligned}$$

$(*)$ では $\alpha = x + h/2$, $\beta = h/2$ として積和の公式を，$(\dagger)$ では命題 3.19 を使った．

全く同様の手順で $(\cos x)' = -\sin x$ が得られる．また，

$$\begin{aligned} (\tan x)' &= \left(\frac{\sin x}{\cos x}\right)' \overset{(\sharp)}{=} \frac{(\sin x)'\cdot\cos x - \sin x\cdot(\cos x)'}{\cos^2 x} \\ &= \frac{\cos^2 x + \sin^2 x}{\cos^2 x} = \frac{1}{\cos^2 x} \end{aligned}$$

となる．$(\sharp)$ では導関数の基本公式 3.14 (IV) を使っている．

三角関数の導関数 3.20

$$(\sin x)' = \cos x, \qquad (\cos x)' = -\sin x, \qquad (\tan x)' = \frac{1}{\cos^2 x}.$$

問 3.21　次の各関数の導関数を求めよ．

(1) $y = \sin x\cos x$　(2) $y = \dfrac{\sin x}{x}$　(3) $y = \dfrac{1}{\tan x}$　(4) $y = \dfrac{1}{\cos x}$

3.6 指数関数の微分と e の導入

指数関数 $f(x) = a^x$ を定義 3.9 通りに微分してみよう．

$$f'(x) = \lim_{h \to 0} \frac{a^{x+h} - a^x}{h} = \lim_{h \to 0} \frac{a^x \cdot a^h - a^x}{h} = a^x \cdot \lim_{h \to 0} \frac{a^h - 1}{h} \tag{3.8}$$

となるが，最後の極限値がよくわからないのでこれ以上は進まない．

$$\lim_{h \to 0} \frac{a^h - 1}{h} \text{ の正体を探れ.} \tag{3.9}$$

定義 3.6 に従って微分係数 $f'(0)$ の定義式を書いてみると，

$$f'(0) = \lim_{h \to 0} \frac{f(0+h) - f(0)}{h} = \lim_{h \to 0} \frac{a^h - 1}{h}$$

ではないか．極限値（3.9）は $y = a^x$ の $x = 0$ での接線の傾きを表していたのである．それでは試しに 3 種類の a の値に対してその状況を描いてみよう．

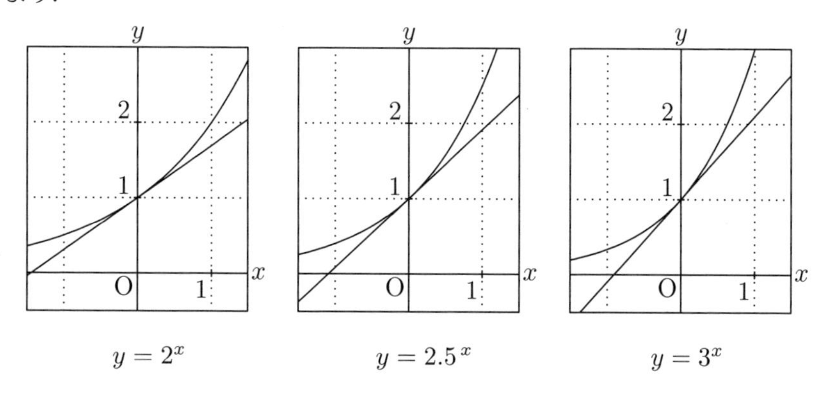

$y = 2^x$　　$y = 2.5^x$　　$y = 3^x$

接線の傾きは，$a = 2.5$ までは 1 より小さく，$a = 3$ では 1 より大きくなっていることが見てとれるであろう．すると，a を連続的に増加させてゆくならば，$2.5 < a < 3$ の範囲に接線の傾きがちょうど 1 になる a の値があ

るはずである．そこで発想を変えて，底 a がその値だったら何が起こるかを考えてみよう．そのとき，極限値 (3.9) $= 1$ なのだから，(3.8) は

$$(a^x)' = a^x \cdot 1 = a^x$$

となる．つまり，そのときの a の値に対する a^x は微分しても変わらないのである．2.8 節でほのめかしたように，数学にとって最も大切な演算のひとつである微分に関して不変に保たれる関数とは，この上なく都合のよい関数である．いったいその a の値はいくつなのだろう．以下の小文字部分でそれを調べる．

$a^h - 1 = t$ と置くと，$h = \log_a(1+t)$ であるから，

$$\frac{a^h - 1}{h} = \frac{t}{\log_a(1+t)}$$

となる．さらに対数関数の性質 2.22(3) を使って，

$$\frac{t}{\log_a(1+t)} = \frac{1}{\dfrac{1}{t}\log_a(1+t)} = \frac{1}{\log_a(1+t)^{\frac{1}{t}}}$$

と変形される．$a^h - 1 = t$ と置いたのであるから，$h \to 0$ のとき $t \to 0$ である．従って，極限値 (3.9) は h の式から次のように t の式に全面的に書き直される．

$$(3.9) = \lim_{t \to 0} \frac{1}{\log_a(1+t)^{\frac{1}{t}}} = 1\ .$$

さて，

$$\lim_{t \to 0} \frac{1}{\log_a(1+t)^{\frac{1}{t}}} = 1 \iff \lim_{t \to 0} \log_a(1+t)^{\frac{1}{t}} = 1$$

であり，さらに

$$\lim_{t \to 0} \log_a(1+t)^{\frac{1}{t}} = 1 \iff \lim_{t \to 0} (1+t)^{\frac{1}{t}} = a$$

である． いつの間にか求めていた答が出ていた．

(3.9) $= 1$ になるのは底 a が $a = \lim_{t \to 0} (1+t)^{\frac{1}{t}}$ のときである．

我々が探し求めた a は lim 記号を使った式で表される抽象的な数になってしまった．残念ながらこの極限値は難しく，この教科書のレベルを超える定理を使わないと見当すらつかないので，これ以上追及するのは諦めて結果を認めよう．

$\boldsymbol{e}$ の定義と $\boldsymbol{e^x}$ の微分 3.22

(3.9) $=1$ となる a の値を e と書き，**自然対数の底**と呼ぶ．e は π と同じ無理数の仲間（超越数）で，

$$e=\lim_{t\to 0}(1+t)^{\frac{1}{t}}=2.71828182845904523\cdots$$

である．e という名前は，数学者オイラー（1707-1783）の名前 Euler の頭文字に由来する．このとき，指数関数 e^x は微分で不変に保たれ，

$$(e^x)'=e^x$$

となる．

実は，e の具体的な値は次のような美しい無限級数を利用して求める．

$$e=1+\frac{1}{1!}+\frac{1}{2!}+\frac{1}{3!}+\cdots+\frac{1}{n!}+\cdots. \tag{3.10}$$

この無限級数は収束が極めて速く，$n=6$ で止めて計算しても $e\fallingdotseq 2.71806$ が得られる．(3.10) は 4.9 節で学ぶテイラー展開から得られる．

記号の約束 3.23　数学プロパーでは，e は最も重要な定数のひとつなので，指数・対数関数は専ら e を底にした $y=e^x$, $y=\log_e x$ を用いる．特に対数関数では，底の e を省略して単に $y=\log x$ と書く習慣である．

また，e^x は $\mathbf{exp}\,\boldsymbol{x}$ と書くこともある．e^{-ax+b} のように指数が長くなったときは，$\exp(-ax+b)$ と書いた方がすっきり見えるという利点がある．exp は「指数の」を意味する英語 exponential の頭文字をとったものである．

化学系分野を学ぶ際の注意 3.24　数学プロパーでは専ら $\log x=\log_e x$ の意味であるが，化学系では 10 を底とする常用対数を日常的に使うため，$\log_{10} x$ のことを $\log x$ と書き，$\log_e x$ の方は $\mathbf{ln}\,\boldsymbol{x}$ と書くことが多い．

紛らわしいので十分気をつけてほしい．ln は自然対数を意味する logarithm natural の頭文字を組み合わせたもので，**エルエヌ関数**と呼ばれる．

まだ一般の指数関数 $y = a^x$ の微分はできていないのだが，これは次節で学ぶ合成関数の微分法を使った方がすっきりできるので，しばしの間保留とする．とは言っても，これまでの結果だけから a^x の導関数は求められるので，それを以下の小文字部分で導いておく．→ 例題 3.41.

もう一度，前の結果を整理すると，

$$\lim_{h \to 0} \frac{a^h - 1}{h} = \lim_{t \to 0} \frac{1}{\log_a (1+t)^{\frac{1}{t}}}$$

であった．定義により $\lim_{t \to 0} (1+t)^{\frac{1}{t}} = e$ であるから，

$$(a^x)' = a^x \cdot \lim_{h \to 0} \frac{a^h - 1}{h} = a^x \cdot \frac{1}{\log_a e} \overset{(\star)}{=} a^x \cdot \log a$$

が得られた．

問 3.25　上の $(\star)$ の等式はなぜ成り立つのか．

指数関数の導関数 3.26

e^x は微分しても変わらない唯一の関数である．

$$(e^x)' = e^x, \quad (a^x)' = a^x \cdot \log a.$$

3.7　合成関数の微分法則

3.7.1　合成関数とは

関数 $y = \sin 2x$ を考えてみる．これは最初の入力 x をまず 2 倍して，それで出力された $2x$ を，今度は入力として全く別の sin という機能に通しているわけであるから，機能の異なる工場をふたつ続けて通していることになる（次ページ図 3.9）．

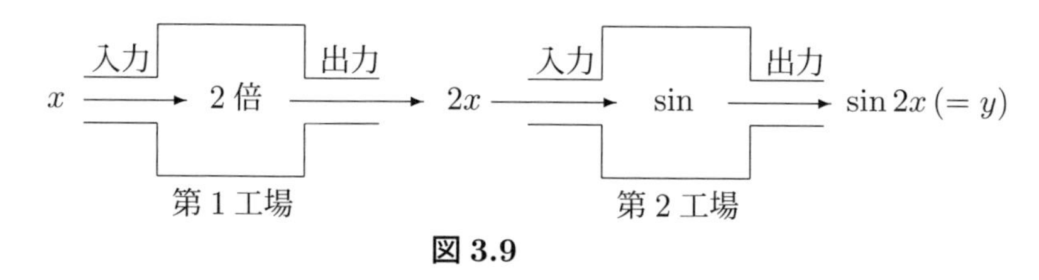

図 3.9

これを一般化すると，次のような図ができあがる．

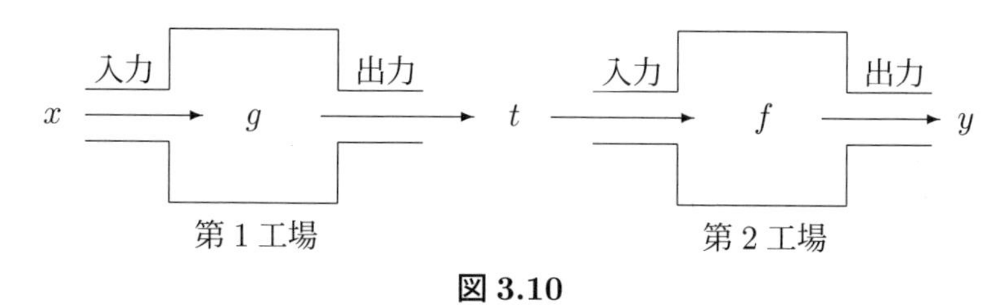

図 3.10

式で書けば，第1工場は $t = g(x)$，第2工場は $y = f(t)$ であり，t はいわば両工場の仲介物もしくは中間生成物のような役割を果たしている．ふたつの工場を接続して，独立変数（入力）が x，従属変数（出力）が y の大工場をつくると，

$$\begin{cases} y = f(t) \\ t = g(x) \end{cases} \quad \rightsquigarrow \quad y = f(g(x)) \tag{3.11}$$

という新しい関数 $y = f(g(x))$ ができたことになる．

定義 3.27　独立変数 x に対して，最初に関数 g，次に関数 f を続けて通してできる関数 $y = f(g(x))$ を f と g の**合成関数**と呼び，記号 $f \circ g$ で表す．また，合成関数は (3.11) を逆に辿ることによって，ふたつの関数 $y = f(t)$ と $t = g(x)$ に分解できる．$f \circ g$ と $g \circ f$ とは一般に異なる．

例 3.28　$y = \sin 2x$ は $y = \sin t$ と $t = 2x$ の合成に分解できる．

注意 3.29　合成関数とは，第1の関数の出力が第2の関数の入力になるように組み合わされた関数のことである．従って，f と g とから単純な四則演算によって作られた関数 $f(x) \pm g(x)$，$f(x)g(x)$，$f(x)/g(x)$ を合成関数とはいわない．

問 3.30　合成関数 $y=\tan^2 x$ をふたつの関数の合成に分解せよ．

例 3.31　三つ以上の関数を合成することもできる．たとえば，$y=\cos^3 2x$ は $y=t^3$ と $t=\cos u$ と $u=2x$ の合成関数である．

問 3.32　以下の合成関数をふたつに分解せよ．

(1) $y=\sin(1/x)$　(2) $y=2^{\sqrt{x}}$　(3) $y=\log(\log x)$　(4) $y=(x^2+x+1)^3$

3.7.2　合成関数の微分法則（連鎖律）

ライプニッツの微分記号 3.33

$y=f(x)$ を微分するとき，正式には「y を x で微分する」といい，導関数 $f'(x)$ を

$$\frac{dy}{dx}$$

とも書く．この記号には，ひとかたまりで導関数を表すという意味と，文字通り dy と dx の商という二重の意味がある．

この機会に dx, dy という記号について触れておこう．図 3.11 で，曲線 $y=f(x)$ 上の点 P の座標を $(x, f(x))$ とし，x の増分を Δx と表すことにする（Δ はデルタと読む）．x は固定して考える．この間の y の変化量は

$$f(x+\Delta x)-f(x)$$

であり，これを Δy と書く．直線 PQ の傾きは $\Delta y/\Delta x$ となる．

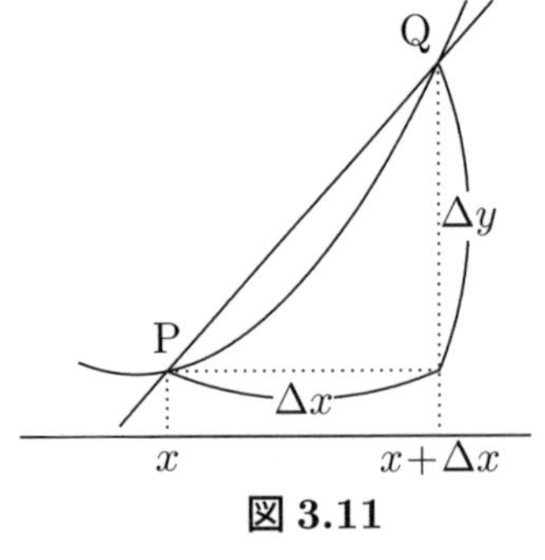

図 3.11

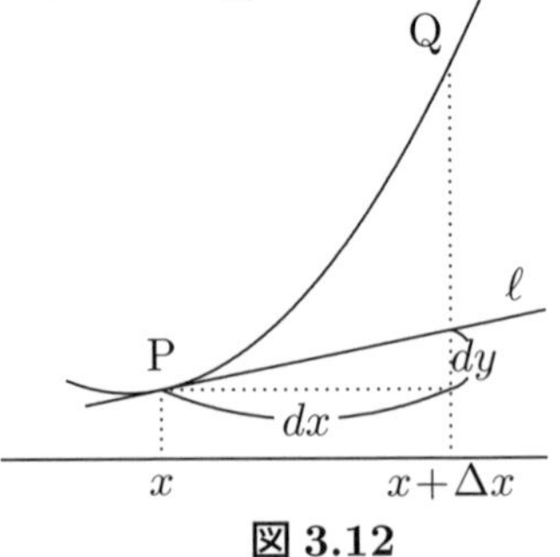

図 3.12

$\Delta x \to 0$ としたときの極限値が P での接線 ℓ の傾き $f'(x)$ であった．

$$f'(x) = \lim_{\Delta x \to 0} \frac{\Delta y}{\Delta x}.$$

今度は図 3.12 のように dx, dy をとる．$dx = \Delta x$ であるが，dy と Δy とは異なる．直線の傾きの意味を考えれば，

$$dy = f'(x)dx \tag{3.12}$$

が成り立つことがわかる．$f(x)$ のグラフ上での座標 (x, y) の変動が Δx, Δy であり，接線 ℓ 上での変動が dx, dy というわけである．図 3.12 を見れば，dx, dy は別に微小である必要は全くないことがわかるだろう．別な言い方をすれば，接点 P を原点に取り直して新しい座標軸を引いたとき，ℓ 上の点の座標が (dx, dy) なのである．

dx を変数 x の**微分**，dy をそれに対応する関数 y の**微分**と呼ぶ．微分といっても小さくなくてもよいことは上に述べた通りである．一方，Δx の方は微小変化を表すのが一般的な慣習である．(3.12) は接線 ℓ の方程式なのであるが，dx で両辺を割り算してみると，

$$\frac{dy}{dx} = f'(x)$$

という関係が得られて，dy/dx が導関数を表す記号になり得ることが示される．dy/dx はふたつの微分の商なので，**微分商**ともいう．

合成関数の微分公式 3.34（連鎖律・Chain rule）

$y = f(t)$ と $t = g(x)$ の合成関数 $y = f(g(x))$ の導関数について次の等式が成り立つ．

$$\frac{dy}{dx} = \frac{dy}{dt} \cdot \frac{dt}{dx}. \tag{3.13}$$

注意 3.35　dy/dx は y を x で微分しているので合成関数 $y = f(g(x))$ の微分，dy/dt は合成する前の $y = f(t)$ の微分である．両方とも y' と書くと区別がつかなくなってしまう．また，各記号は分数と思ってもよいので，右辺の分母分子にある dt を約せば左辺になる，と考えることもできる．

連鎖率 3.34 の証明 $t=g(x)$ において，x の増分 Δx に対応する t の増分を Δt，$y=f(t)$ において Δt に対応する y の増分を Δy とする．このとき，$\Delta x\to 0$ なら $\Delta t\to 0$ となるので，

$$\begin{aligned}\frac{dy}{dx}&=\lim_{\Delta x\to 0}\frac{\Delta y}{\Delta x}=\lim_{\Delta x\to 0}\frac{\Delta y}{\Delta t}\cdot\frac{\Delta t}{\Delta x}\\&=\lim_{\Delta t\to 0}\frac{\Delta y}{\Delta t}\cdot\lim_{\Delta x\to 0}\frac{\Delta t}{\Delta x}\\&=\frac{dy}{dt}\cdot\frac{dt}{dx}\end{aligned}$$

が得られた[*5]. ∎

例 3.36 $y=\sin 2x$ は $y=\sin t$ と $t=2x$ の合成関数なので，

$$(\sin 2x)'=\frac{dy}{dx}=\frac{dy}{dt}\cdot\frac{dt}{dx}=\cos t\cdot 2=2\cos 2x\,.$$

例 3.37 $y=\tan^2 x$ は $y=t^2$ と $t=\tan x$ の合成関数なので，

$$(\tan^2 x)'=\frac{dy}{dx}=\frac{dy}{dt}\cdot\frac{dt}{dx}=2t\cdot\frac{1}{\cos^2 x}=\frac{2\tan x}{\cos^2 x}.$$

例 3.38 $y=\sin\dfrac{1}{x}$ は $y=\sin t$ と $t=\dfrac{1}{x}=x^{-1}$ の合成関数なので，

$$\left(\sin\frac{1}{x}\right)'=\frac{dy}{dx}=\frac{dy}{dt}\cdot\frac{dt}{dx}=\cos t\cdot(-x^{-2})=-\frac{1}{x^2}\cos\frac{1}{x}.$$

例 3.39 $y=e^{x^2}$ は $y=e^t$ と $t=x^2$ の合成関数なので，

$$(e^{x^2})'=\frac{dy}{dx}=\frac{dy}{dt}\cdot\frac{dt}{dx}=e^t\cdot 2x=2xe^{x^2}.$$

[*5] 実はこれは厳密には証明になっていない．定義 3.2 や例題 3.3 でも注意したように，Δx は 0 に一致しないで 0 に限りなく近づくのだが，対応する Δt は 0 に一致してしまうことがあり得る．そうすると，$f(t)$ の導関数の定義における $\Delta t\to 0$ の意味に反するのである．この証明に満足ができない場合は，微分の定義式に戻って，それを分数を用いない形に定式化し直さなければならない．

例 3.40　$y=\cos^3 x^3$ は $y=t^3$ と $t=\cos u$ と $u=x^3$ の合成なので，

$$(\cos^3 x^3)'=\frac{dy}{dx}=\frac{dy}{dt}\cdot\frac{dt}{du}\cdot\frac{du}{dx}=3t^2\cdot(-\sin u)\cdot 3x^2=-9x^2\cos^2 x^3\sin x^3\,.$$

例題 3.41　**(一般の指数関数の導関数)** $y=a^x$ を微分せよ．

解答　$y=a^x=e^{x\log a}$ なので，これを $y=e^t$ と $t=x\log a$ との合成関数と考えれば，

$$(a^x)'=\frac{dy}{dx}=\frac{dy}{dt}\cdot\frac{dt}{dx}=e^t\cdot\log a=a^x\cdot\log a$$

が得られる．　■

問 3.42　次の各関数を微分せよ．

(1) $y=\sin^2 x$　(2) $y=\sin x^2$　(3) $y=\sin(\sin x)$　(4) $y=\dfrac{1}{\tan^2 x}$

合成関数の微分公式（連鎖律ではない表示）

$y=f(t)$ と $t=g(x)$ の合成関数 $y=f(g(x))$ の導関数について次の関係が成り立つ．

$$\{f(g(x))\}'=f'(g(x))\cdot g'(x)\,. \tag{3.14}$$

注意 3.43　(3.14) は連鎖律 (3.13) とは見かけが違うが，全く同じ式であることをまず注意しておこう．(3.14) で大事なのは，左辺の $\{f(g(x))\}'$ と 右辺の $f'(g(x))$ における微分記号 $'$ の位置の違いである．$\{f(g(x))\}'$ は $f(g(x))$ 全体を微分している．$'$ は x の関数としての微分である．これが我々の計算したいものである．一方，$f'(g(x))$ は $f'(t)$ に $t=g(x)$ を代入したものを表している．

例 3.44　$y=\sin 2x$ を微分するには，$\sin t$ を微分した $\cos t$ に $t=2x$ を代入して $\cos 2x$ としてから，$t=2x$ を微分した 2 を掛ければよい．

例 3.45　$y=\tan^2 x$ では $f(t)$ に当たるものが t^2 であるから，その微分 $2t$ に $t=\tan x$ を代入した $2\tan x$ が $f'(g(x))$ である．

3.8　逆関数の微分法則と対数関数の導関数

ここでは逆関数の方を $y = f^{-1}(x)$ と書くので，もとの関数は $x = f(y)$ である．

逆関数の微分法則 3.46

上に述べた約束の下で次の等式が成り立つ．

$$\frac{dy}{dx} = \frac{1}{\dfrac{dx}{dy}}. \tag{3.15}$$

証明　$x = f(y)$ が狭義単調[*6]ならば $\Delta y \to 0$ のとき $\Delta x \to 0$ であり，逆関数 $y = f^{-1}(x)$ においては逆も正しい．従って，

$$\frac{dy}{dx} = \lim_{\Delta x \to 0} \frac{\Delta y}{\Delta x} = \lim_{\Delta y \to 0} \frac{1}{\dfrac{\Delta x}{\Delta y}} = \frac{1}{\dfrac{dx}{dy}}.$$

■

$y = \log x$ は $x = e^y$ の逆関数である．従って，上の法則より

$$(\log x)' = \frac{dy}{dx} = \frac{1}{\dfrac{dx}{dy}} = \frac{1}{e^y} = \frac{1}{x}.$$

一般の対数関数 $y = \log_a x$ は $x = a^y$ の逆関数であるから，

$$(\log_a x)' = \frac{dy}{dx} = \frac{1}{\dfrac{dx}{dy}} = \frac{1}{a^y \cdot \log a} = \frac{1}{x \cdot \log a}$$

となる．

---

*6 2.3 節では逆関数について非常に大雑把にしか述べなかった．逆関数は常に考えられるものではなく，「ある条件の下で存在する」ものである．その条件が「(もとの関数が) 狭義単調であること」である．このとき逆関数も狭義単調になる．また，この証明の最後の部分では，さらに $dx/dy \neq 0$ という条件を課す必要がある．

対数関数の導関数 3.47

$$(\log x)' = \frac{1}{x}, \quad (\log_a x)' = \frac{1}{x \cdot \log a}.$$

問 3.48　$y = \log|x|$ に対しても $y' = \dfrac{1}{x}$ であることを示せ.

次の例題は非常に有用である.

例題 3.49　任意の関数 $f(x) > 0$ に対して，次式が成り立つことを導け.

$$\{\log f(x)\}' = \frac{f'(x)}{f(x)}. \tag{3.16}$$

解答　関数 $y = \log f(x)$ は $y = \log t$ と $t = f(x)$ との合成関数である. 連鎖率（3.13）によって，

$$\{\log f(x)\}' = \frac{dy}{dx} = \frac{dy}{dt} \cdot \frac{dt}{dx} = \frac{1}{t} \cdot f'(x) = \frac{f'(x)}{f(x)}$$

となる. ▮

問 3.50　関数 $f(x)$ は負の値もとるが，$f(x) \neq 0$ であるならば，全く同様に

$$\{\log|f(x)|\}' = \frac{f'(x)}{f(x)}$$

が成り立つことを導け.

例 3.51　$y = -\log\cos x$ $(\cos x > 0)$ に対し，

$$y' = -\frac{(\cos x)'}{\cos x} = -\frac{-\sin x}{\cos x} = \tan x.$$

例題 3.52　$y = \log\sqrt{\dfrac{x-1}{x+1}}$ を微分せよ.

解答　こういう場合は，いきなり微分しようとしないで，まず次のようにできるだけ簡単な形に変形してから微分する.

$$\log\left(\frac{x-1}{x+1}\right)^{\frac{1}{2}} = \frac{1}{2}\log\frac{x-1}{x+1} = \frac{1}{2}\{\log(x-1) - \log(x+1)\}.$$

$$y' = \frac{1}{2}\left\{\frac{(x-1)'}{x-1} - \frac{(x+1)'}{x+1}\right\} = \frac{1}{2}\left\{\frac{1}{x-1} - \frac{1}{x+1}\right\} = \frac{1}{x^2-1}.$$

∎

対数関数の微分に合成関数微分を組み合わせると，**対数微分法**と呼ばれる有用な微分法が得られる．たとえば，

$$y = \frac{(x^2+2)^3(3x-1)^2}{(x^3-4x+1)^5}$$

のような複雑な関数を導関数の基本公式 3.14（IV）で微分するのは非常に大変である．微分演算は，関数の和と実数倍に関しては非常に良い性質をもっているが，積と商に対しては相性が良くないからである[*7]．このような場合は，両辺の自然対数をとってから合成関数微分を使うとうまくいく．なぜなら，対数は積を和に変換する性質があるからである．この手法を対数微分法という．

例題 3.53　$y = x^x \ (x > 0)$ を微分せよ[*8]．

解答　$y > 0$ なので，両辺の自然対数をとると，

$$\log y = \log x^x = x \log x$$

であるが，この両辺を x で微分する．右辺の微分は簡単である．

$$(x \log x)' = (x)' \cdot \log x + x(\log x)' = 1 \cdot \log x + x \cdot \frac{1}{x} = \log x + 1.$$

$'$ は x の関数としての微分である．ライプニッツの微分記号で書くならば，

$$\frac{d}{dx} x \log x$$

となる[*9]．

[*7] 基本公式 3.14 にそれが反映している．公式 3.14（I）（II）ような性質を線型性という．

[*8] これは単項式関数 x^n とは違うから $(x^n)' = nx^{n-1}$ のように微分することはできない．また，指数関数 a^x とも違うので，$(a^x)' = a^x \log a$ と微分することもできない．

[*9] $x \log x$ が長いので，分子の d にはくっつけずにこのように書く．

左辺は $\log y$ と $y = x^x$ の合成関数であるから，連鎖律（3.13）を用いて次のように微分できる．

$$\frac{d}{dx}\log y = \frac{d}{dy}\log y \cdot \frac{dy}{dx} = \frac{1}{y} \cdot \frac{dy}{dx}.$$

両者が等しいことから，

$$\frac{dy}{dx} = y\,(\log x + 1) = x^x\,(\log x + 1)$$

と求まる．　∎

注意 3.54　例題 3.52 は，$x^x = e^{x \log x}$ と表して合成関数微分を使った方が楽である．本来，対数微分法は次の例題 3.55 のようなタイプの微分にこそ使い道がある．

例題 3.55　$y = \dfrac{(x^2+2)^3\,(3x-1)^2}{(x^3-4x+1)^5}$ $(x > 0)$ を微分せよ．

解答　両辺の自然対数をとると，

$$\begin{aligned}\log y &= \log \frac{(x^2+2)^3\,(3x-1)^2}{(x^3-4x+1)^5} \\ &= 3\log(x^2+2) + 2\log(3x-1) - 5\log(x^3-4x+1)\end{aligned}$$

となるので，両辺を x で微分して

$$\frac{1}{y} \cdot \frac{dy}{dx} = \frac{6x}{x^2+2} + \frac{6}{3x-1} - 5 \cdot \frac{3x^2-4}{x^3-4x+1}$$

が得られる．あとは y を払えばよい（通分して整理しなくてよい）．　∎

実は，$y = x^n$ $(n = 0, \pm 1, \pm 2, \cdots)$ という関数の微分は学んだのであるが，$x^{1/2}$ とか $x^{\sqrt{3}}$ のような関数の微分はまだできない．対数微分法を用いると，α を任意の実数として一般に**ベキ関数**と呼ばれる関数

$$y = x^{\alpha} \quad (x > 0)$$

の導関数が一括で求まる．

両辺の自然対数をとると

$$\log y = \log x^{\alpha} = \alpha \log x$$

となるので，両辺を x で微分して

$$\frac{1}{y} \cdot \frac{dy}{dx} = \frac{\alpha}{x},$$

したがって，

$$\frac{dy}{dx} = \frac{\alpha}{x} \cdot y = \frac{\alpha}{x} \cdot x^{\alpha} = \alpha x^{\alpha-1}$$

が得られた．既に学んだ（3.6）は，この結果に完全に含まれてしまう．

ベキ関数の微分 3.56

α を実数として次式が成り立つ．

$$(x^{\alpha})' = \alpha x^{\alpha-1}. \tag{3.17}$$

例題 3.57　$y = \sqrt{x}$ を微分せよ．

解答　いったんベキ関数の形に直してから（3.17）を使う．

$$y' = (x^{1/2})' = \frac{1}{2} x^{-1/2} = \frac{1}{2\sqrt{x}}.$$

∎

問 3.58　次の各関数を微分せよ．

(1) $y = \dfrac{4}{\sqrt[4]{x^3}}$　(2) $y = x\sqrt{x}$　(3) $y = \sqrt[3]{(3x+1)^2}$　(4) $y = \dfrac{1}{\sqrt{x^2+1}}$

3.9　逆三角関数とその導関数

もとの関数を $x = f(y)$ と書き，逆関数の方を $y = f^{-1}(x)$ と書くことにすれば，各三角関数について次のような逆関数があることがわかる．

逆三角関数 3.59

$$y=\sin^{-1}x \quad \text{または} \quad \arcsin x \quad (-\pi/2 \leqq y \leqq \pi/2).$$
$$y=\cos^{-1}x \quad \text{または} \quad \arccos x \quad (0 \leqq y \leqq \pi).$$
$$y=\tan^{-1}x \quad \text{または} \quad \arctan x \quad (-\pi/2 < y < \pi/2).$$

（　）内に書いてある y の範囲は，これらの逆三角関数が存在するための条件である[*10]．arc は“弧”という意味で，ウォリスやニュートンの研究において，これらの関数が弦から円弧を求める過程の中で現れたことによる．

グラフは次のようになる（sin, cos, tan のグラフが横倒しになっているだけである．→2.5 節）．

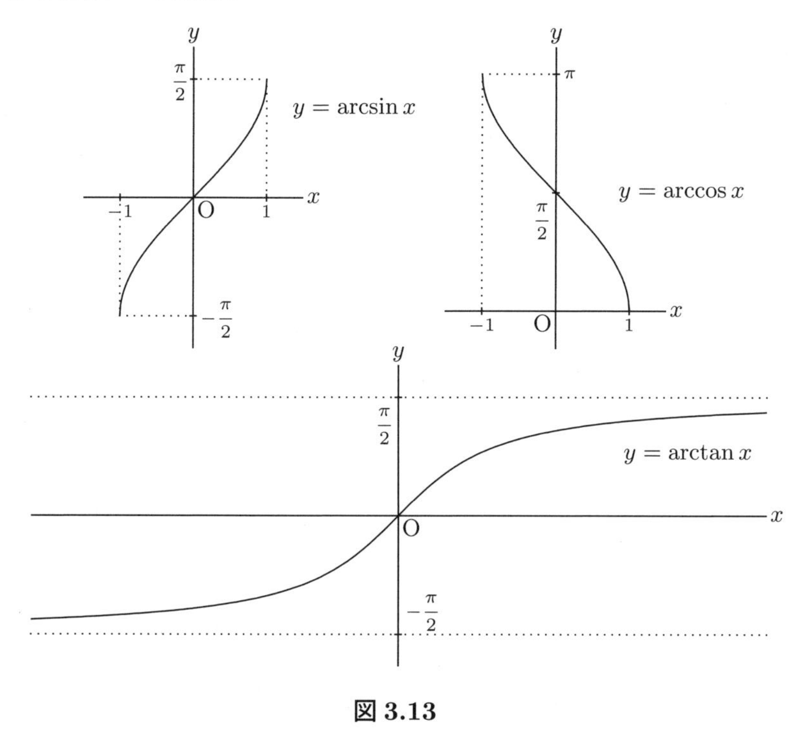

図 3.13

[*10] これは主値と呼ばれるもので，別の範囲を指定することもできる．

$y = \sin^{-1} x$ を微分してみよう．$x = \sin y$ に注意して逆関数の微分法則 3.46 を用いると，

$$(\sin^{-1} x)' = \frac{dy}{dx} = \frac{1}{\dfrac{dx}{dy}} = \frac{1}{\cos y}$$

が得られたが，結果が y の式になってしまったので，x の式に直したい．こういうときは $\sin^2 y + \cos^2 y = 1$ という関係を使えばよいのである．

$$\cos y = \pm\sqrt{1 - \sin^2 y} = \pm\sqrt{1 - x^2}\,.$$

導関数がふたつあっては変であるから，±の符号のうちどちらかを選ばないといけないのであるが，$-\pi/2 \leqq y \leqq \pi/2$ では $\cos y \geqq 0$ だから，±は＋を取らなければいけない．よって，

$$(\sin^{-1} x)' = \frac{1}{\sqrt{1 - x^2}}.$$

$(\cos^{-1} x)' = -1/\sqrt{1 - x^2}$ も全く同じ要領で求まる．

$y = \tan^{-1} x$ については，$x = \tan y$ であるから

$$(\tan^{-1} x)' = \frac{dy}{dx} = \frac{1}{\dfrac{dx}{dy}} = \frac{1}{\dfrac{1}{\cos^2 y}}$$

となるが，$1 + \tan^2 y = 1/\cos^2 y$ なる関係を使えば，

$$(\tan^{-1} x)' = \frac{1}{1 + x^2}$$

のように x の式で得られる．

逆三角関数の導関数 3.60

$$(\sin^{-1} x)' = \frac{1}{\sqrt{1 - x^2}},\ (\cos^{-1} x)' = -\frac{1}{\sqrt{1 - x^2}},\ (\tan^{-1} x)' = \frac{1}{1 + x^2}.$$

3.10　双曲線関数とその導関数

双曲線関数の定義 3.61

いずれも右辺をもって左辺の関数記号の定義とする．

$$\sinh x = \frac{e^x - e^{-x}}{2}, \quad \cosh x = \frac{e^x + e^{-x}}{2}, \quad \tanh x = \frac{\sinh x}{\cosh x}.$$

sinh までが一綴りの関数記号で，ハイパボリック（Hyperbolic，双曲的）サインと読む．cosh, tanh も同様である．グラフは下のようになる．

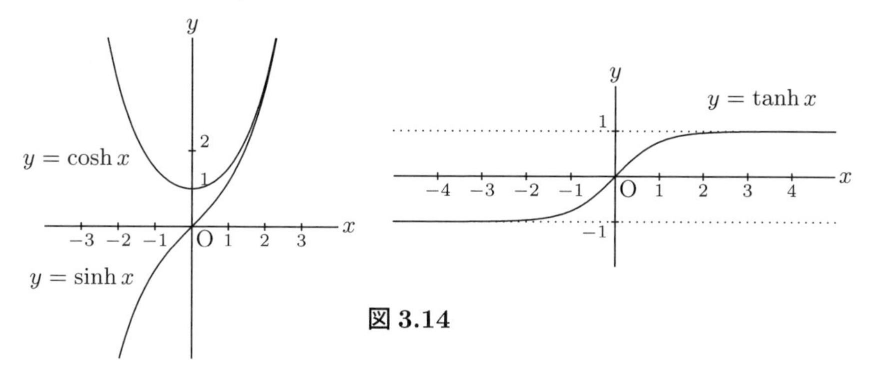

図 3.14

次の問は定義に戻って計算すれば簡単に確かめられるはずである．三角関数の諸公式とどことなく似ている．

問 3.62　次の (1)〜(4) が成り立つことを示せ．

(1) $\cosh^2 x - \sinh^2 x = 1$　　(2) $(\sinh x)' = \cosh x$

(3) $(\cosh x)' = \sinh x$　　(4) $(\tanh x)' = 1/\cosh^2 x$

余談 3.63　$y = \cosh x$ は，両端を持って自然に垂らしたネックレスが描く曲線で，懸垂線とも呼ばれる．ガリレオも勘違いしたほど放物線に似ているが，性質的には似て非なる曲線である．

スペインの建築家アントニオ・ガウディ（1852-1926）が 1882 年にバルセロナの地に建造を開始し，没後 100 年の 2026 年に完成が予定されている聖家族贖罪聖堂（サグラダ・ファミリア）の全体的な設計には，この懸垂線が使われている．建物の自重を効率よく支えるために，この曲線を上下逆さまにして利用したのである．ガウディの作品は，どれもぐにゃぐにゃした曲線でできた斬新な“芸術作品”に見えるが，事実は正反対で，その建築に現れる曲面・曲線のほとんどが数学的に定義されるものである．

3.11 高次（高階）導関数

我々が今まで微分してきた関数たちはみな素直な関数ばかりで，よほどのことがない限り，導関数 $f'(x)$ は再び微分することができる．

問 3.64 微分係数 (3.2) は必ずしも存在するとは限らない．存在するときは，その点で微分可能であるという．関数 $y=f(x)$ は実数全体で微分可能であるが，その導関数 $f'(x)$ は $x=0$ では微分可能でないという．このような関数 $f(x)$ の例を具体的に作れ．

このことは式で書けば，$\{f'(x)\}'$ ということになるが，これを $f''(x)$ とか y'' と書いて $f(x)$ の **2 次導関数**または **2 階導関数**という．全く同様に 3 次導関数 $f'''(x)$ が考えられる．同様にして 4 次，5 次，$\cdots$，一般に $\boldsymbol{n}$ **次導関数**も考えられるが，4 次以上の導関数では $'$ を沢山打つのは見苦しいので，n 次導関数は $f^{(n)}(x)$ とか $y^{(n)}$ と記す．

ライプニッツの微分記号 3.65 3.33 で学んだライプニッツの微分記号によれば，2 次導関数は

$$\frac{d^2y}{dx^2} \quad \text{あるいは} \quad \frac{d^2f}{dx^2}$$

と書かれる．ディーツーワイディーエックスニジョウと読む．一般に n 次導関数は

$$\frac{d^ny}{dx^n} \quad \text{あるいは} \quad \frac{d^nf}{dx^n}$$

となる．

例 3.66　$f(x)=e^x$ なら，$f^{(n)}(x)=e^x$ である．$g(x)=e^{2x}$ では，

$$g'(x)=2e^{2x},\quad g''(x)=2^2e^{2x},\quad g'''(x)=2^3e^{2x},\ \cdots$$

となるので，$g^{(n)}(x)=2^ne^{2x}$ となる．このように，n 次導関数を求めるときは，変化していく部分を計算しないで，わざとそのまま $2^2, 2^3, \cdots$ のように残しておいた方が法則性が見つけやすい．

例 3.67　$f(x)=\sin x$ の n 次導関数．

$$f'(x)=\cos x,\ f''(x)=-\sin x,\ f'''(x)=-\cos x,\ f^{(4)}(x)=\sin x=f(x),$$

というふうに 4 回周期で繰り返しになることはすぐわかる．一般に $f^{(n)}(x)$ を表すには，

$$(\sin x)'=\cos x=\sin(x+\pi/2)$$

という関係に注目するとよい．これは，$\sin x$ を 1 回微分することは，グラフが単に左に $\pi/2$ だけずれることと同じだと言っているわけであるから，

$$f^{(n)}(x)=\sin\left(x+\frac{n\pi}{2}\right)$$

と結論される．

例題 3.68　自然数 m に対して，関数 $y=x^m$ の n 次導関数を求めよ．次に，α を実数として一般のベキ関数 $y=x^\alpha$ の n 次導関数を，x^m との違いに注意しながら求めよ．

解答　順次微分していけば

$$(x^m)'=mx^{m-1},\ (x^m)''=m(m-1)x^{m-2},\cdots$$

となるから，一般には

$$(x^m)^{(n)}=m(m-1)\cdots(m-n+1)x^{m-n}$$

となるのだが，n と m の大小関係に注意を払う必要がある．$n\leqq m$ なら上の表示で正しく，特に $n=m$ では $(x^m)^{(m)}=m!$ となる．しかし，これは

定数なので以降の導関数は全て 0 である．すなわち，

$$(x^m)^{(n)} = \begin{cases} m(m-1)\cdots(m-n+1)x^{m-n}, & (n \leqq m) \\ 0 & (n > m) \end{cases}$$

と表示しなければならない．

α が自然数のときは x^α の微分も上と同じであるが，そうでないときは $\alpha - n$ は決して 0 になることはないので

$$(x^\alpha)^{(n)} = \alpha(\alpha-1)\cdots(\alpha-n+1)x^{\alpha-n} \tag{3.18}$$

であり，$x \neq 0$ である限り（3.18）は全ての n に対して正しい． ▮

問 3.69 次の各関数の n 次導関数を求めよ．

(1) $f(x) = \cos x$ (2) $f(x) = \log(1+x)$ (3) $f(x) = 2^x$

例題 3.70 **（ライプニッツの公式）** 関数 $f(x), g(x)$ を簡単に f, g と書くとき，積 fg の n 次導関数について次式が成り立つことを示せ．

$$(fg)^{(n)} = \sum_{k=0}^{n} {}_n\mathrm{C}_k\, f^{(n-k)} g^{(k)}. \tag{3.19}$$

解答 導関数の基本公式 3.14（III）を繰り返し用いて，

$$\begin{aligned} (fg)' &= f'g + fg', \\ (fg)'' &= (f'g)' + (fg')' \\ &= f''g + f'g' + f'g' + fg'' \\ &= f''g + 2f'g' + fg'', \end{aligned}$$

同様にして

$$(fg)''' = f'''g + 3f''g + 3f'g'' + fg'''$$

もわかるので（確かめよ），一般に（3.19）となるでろうと推測される．ここに，$f^{(0)} = f, g^{(0)} = g$ と約束する．これは 2 項展開

$$(a+b)^n = \sum_{k=0}^{n} {}_n\mathrm{C}_k\, a^{n-k} b^k$$

とそっくりである． ▮

問 3.71 例題 3.70 で推測したことを数学的帰納法で証明せよ．

3.12 極値と最大最小問題

微分法発見の重要な契機のひとつは，関数の最大最小を求めるという現実的な問題であった．定められた制約の下で利益を最大にしたいとか，リスクを最小にしたいというのは，企業などでは最重要問題のひとつである．

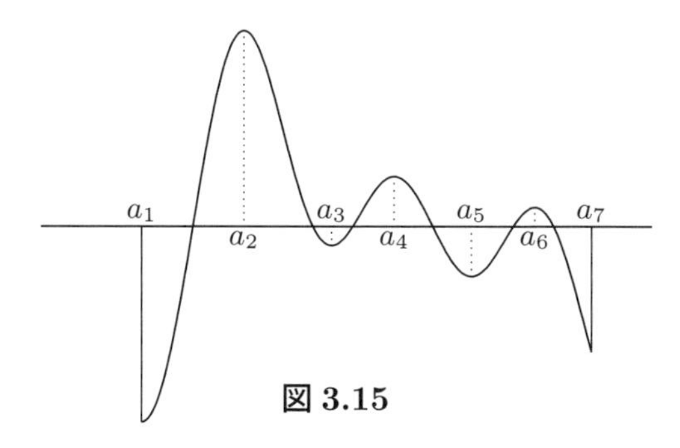

図 3.15

上図 3.15 は閉区間 $[a_1, a_7]$ で考えた関数 $f(x)$ のグラフであるとする．f が $x = a_1$ で**最小**に，$x = a_2$ で**最大**になることはよいだろう．それに対し，$x = a_3$ では，その近く（これを a_3 の**近傍**という）だけを考えれば最小になっている．このような近視眼的・局所的な最小のことを**極小**，そこでの f の値を**極小値**という．同様に，その近傍だけを考えた最大のことを**極大**，そのときの f の値を**極大値**という．従って，上図の f は $x = a_2, a_4, a_6$ では極大値を，$x = a_3, a_5$ では極小値をとる．$x = a_2$ では極大かつ最大となっている．極大値と極小値を併せて**極値**という．端点 a_1, a_7 では極値を定義しない．極値は一般にいくつあっても構わないが，最大値・最小値は存在すればひとつしかない[*11]．

図 3.15 を見れば，極大・極小点では接線の傾きが 0 になっているので，次の極大・極小条件 3.72 はほとんど明らかに思えるであろう[*12]．

[*11] 閉区間で考えた連続関数には必ず最大値・最小値が存在する．閉区間でないときは存在するときもしないときもある．

[*12] このことを数学的に厳密に証明するとなると，それなりに面倒である．

極大・極小条件 3.72

微分可能な関数 $f(x)$ が $x=a$ で極大または極小になるならば,

$$f'(a)=0 \tag{3.20}$$

でなければならない.

注意 3.73 (3.20) は f が極値をとるための必要条件しか与えていない. 一般に, (3.20) を満たす点 a を f の**臨界点**というのだが, 臨界点は極値をとる点の候補に過ぎないのである. そのことは, 下図 3.16 の関数 $f(x)=x^3$ における $x=0$ のような例を見れば明らかだろう. 臨界点で実際に f が極値をとるかどうかは, 高等学校で学んだ増減表を書いて調べるのが, 視覚に訴えるという点でも一番わかりやすいと思う[*13].

注意 3.74 見落としやすい点であるが,「f が微分可能である」という条件は重要である. (3.20) は「極値をとる点で接線が引けるなら, その傾きは 0 でなければならない」と言っているだけである. 接線が引けないような点で極値をとることもあるのである (下図 3.17).

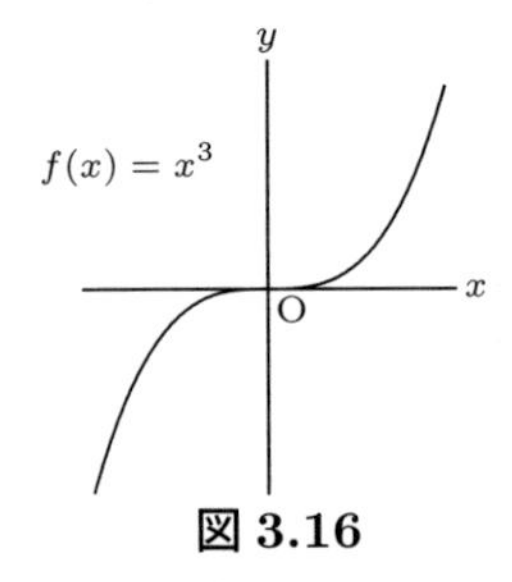

図 3.16

$x=0$ での接線の傾きは 0 だが,
そこで極値をとらない.

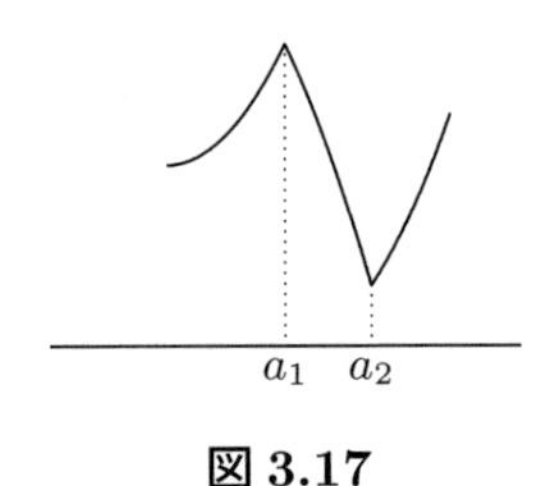

図 3.17

$x=a_1,\ a_2$ では接線が引けないが,
そこで極値をとる.

例題 3.75 関数 $f(x)=2e^{-x}-e^{-2x}$ の極値と最大最小値とを求めよ.

解答 f の臨界点を求めるために

$$f'(x)=-2e^{-x}+2e^{-2x}=2e^{-2x}(1-e^{x})=0$$

[*13] 高次導関数を用いて調べる方法もあるが, 本書では述べない.

を解いて $x=0$ を得る．ここで本当に極値をとるかどうかは増減表を書いて調べよう．

x		0	
$f'(x)$	$+$	0	$-$
$f(x)$	$\nearrow$	1	$\searrow$

$x<0$ では $f'(x)>0$ であり，接線の傾きが正であるから f 自身が増加の状態にあり，$x>0$ ではその逆なので f は減少の状態にある．従って，$x=0$ で確かに f は極大値 1 をとることがわかる．これは最大値でもある．x は実数全体を動くのでグラフは下のようになり，f には最小値も極小値もないことがわかる[*14]．

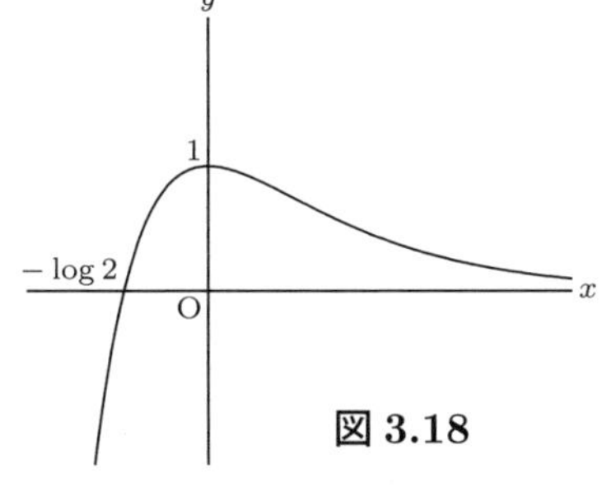

図 3.18

■

3.13　微分法の実験科学への応用

3.13.1　速度と微分

下図のように，水平な台の上にバネと共に取り付けられた物体の重心の位置 x は，力を加えると左右に直線運動をする．これが典型的な 1 次元の運動であり，時間 t の関数として $x=x(t)$ と表される．

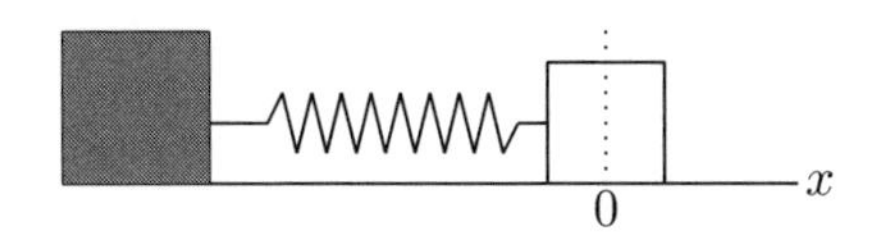

[*14] もちろん，$x\to\pm\infty$ のときの f の挙動を調べなければ正しいグラフは描けない．

以下しばらくの間，注目している変量 x の時々刻々の変化が 1 本の数直線上に表現できる $x = x(t)$ 型の自然現象を考えることにしよう．

例 3.76 物質の温度 T や濃度 C を時間 t ごとに変動する関数と考えたとき，これを $T = T(t)$ とか $C = C(t)$ と表記する．しかし，部屋を飛び回る蝿の位置を表すには $(x(t), y(t), z(t))$ のように 3 つの座標を要する．これは 3 次元（空間）の運動である[*15]．

図 3.19 のグラフで表される 1 次元の運動 $x = x(t)$ において，t が Δt だけ変化したときの x の変化量 Δx は

$$\Delta x = x(t + \Delta t) - x(t)$$

であり，直線 PQ の傾きは

$$\frac{\Delta x}{\Delta t} = \frac{x(t + \Delta t) - x(t)}{\Delta t}$$

で与えられるのだが，1 次元の運動においては，直線の傾きという表象を超えて，Δt 間の x の**平均速度**または**平均変化率**という現象的な意味をもつ．

図 3.19

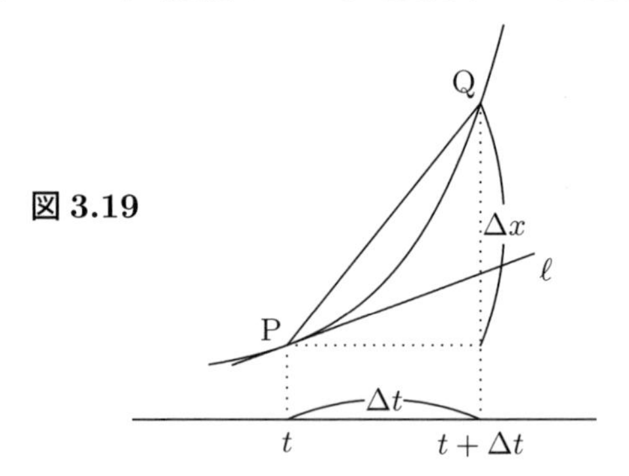

近年の初等教育では「はじき」という公式が蔓延し，数学の理解に深刻な影響を与えている．この公式で求められる「速さ」は平均速度のことである．いつも一定の速さで走る車など存在しない．速さは刻々変わるものだ．

---

*15 これを一括して表示するには $\boldsymbol{r}(t) = (x(t), y(t), z(t))$ のようにする．太字の $\boldsymbol{r}$ はベクトルを表す．$\overrightarrow{r}(t)$ と記すこともある．

点 P における接線 ℓ の傾きは，極限値

$$\lim_{\Delta t \to 0} \frac{\Delta x}{\Delta t} = \lim_{\Delta t \to 0} \frac{x(t+\Delta t) - x(t)}{\Delta t} = \frac{dx}{dt}$$

で与えられることも既に学んだ．これが微分の定義であったが，この場合も単に接線 ℓ の傾きという以外に，時刻 t の**瞬間における速度**という物理的な意味が付与される．これを $v = v(t)$ と書く．

速度関数 3.77

$x = x(t)$ で表される自然現象の，各瞬間における速度を表す関数 $v = v(t)$ は，導関数

$$v(t) = \frac{dx}{dt}$$

である．

v には初めから符号が含まれていることに注意せよ．なぜなら，

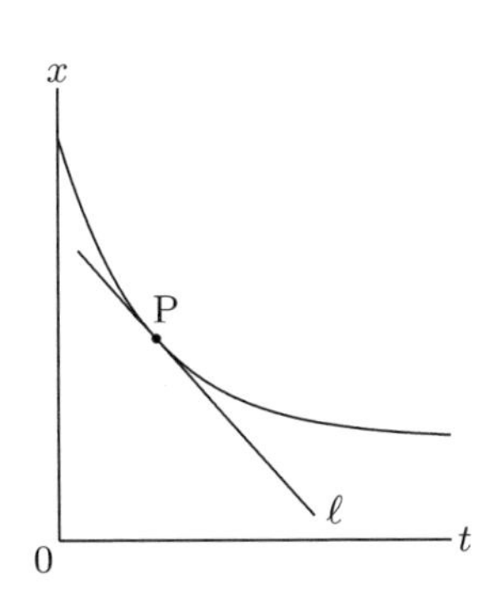

$$v = \frac{dx}{dt}$$

は $x = x(t)$ のグラフへの接線の傾きなのだから，左図のように $x(t)$ が減少している場合は $v < 0$ となるからである．逆に，$v < 0$ なら $x = x(t)$ のグラフが減少状態にあるのだなとわかる．

速度 v から符号を落としてしまったものを**速さ**と呼ぶ．速さは絶対値を用いて

$$|v| = \left| \frac{dx}{dt} \right|$$

と表される[*16]．

[*16] 速度は velocity，速さは speed という．英語ではこのように明確に区別される．

化学を学ぶ際の注意 3.78　化学における反応速度の扱いには注意が必要である．一番簡単な化学反応

$$A \longrightarrow B$$

を考えよう．A が反応物，B が生成物である．

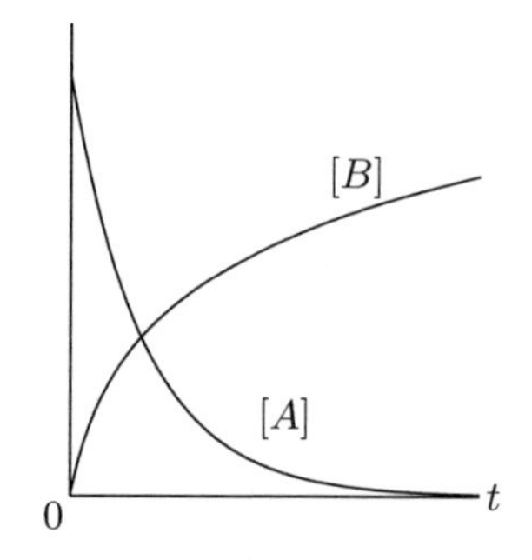

時刻 t での濃度を

$$[A] = [A](t), \quad [B] = [B](t)$$

と記す．

濃度 $[A]$ は下がり，$[B]$ は上がる．本来なら速度は両方とも

$$v_A = \frac{d[A]}{dt}, \quad v_B = \frac{d[B]}{dt}$$

でよいはずである．符号は $v_A < 0, v_B > 0$ となる．しかし，反応速度とは「反応が進行する速さ」のことであると定義するのである[17]．従って，化学反応を論ずる際は，**v_A の方だけ負号をつける**のである．

反応速度の定義 3.79

化学反応 $A \longrightarrow B$ において，それぞれの反応速度を

$$v_A = -\frac{d[A]}{dt}, \quad v_B = \frac{d[B]}{dt}$$

と定める．v_A, v_B ともに正である．

[17] 化学に疎い筆者が物理化学の本を渉猟してわかったことである．化学が大嫌いな筆者は，高等学校2年で化学の勉強を終えたとき，快哉を叫び万歳三唱した．

3.13.2 微分方程式入門の入門

C を定数として，関数 $x = Ce^t$ を（t で）微分すると，$dx/dt = Ce^t$ となるから，

$$\frac{dx}{dt} = x \tag{3.21}$$

という等式が得られる．$x = Ce^t$ という正体を知らないでこの等式を読むと，「ある関数 $x = x(t)$ を微分したら，微分する前の x 自身に一致する」と読める．「そのような関数 $x = x(t)$ を見出せ」と問われたとすると，「$x^2 - 3x + 1 = 0$ を満たす実数 x を見出せ」というのと同じ，ある種の方程式問題だということになる．そこで，(3.21) のようなタイプの方程式を**微分方程式**，$x = Ce^t$ を (3.21) の**解**と呼ぶ．

$x = x(t)$ が何かの自然現象を表している関数であれば，観測開始時の状態，すなわち $t = 0$ のときの x の値が観測できることが多い．微分方程式論ではこの情報を一般に**初期条件**と呼ぶ．仮に $t = 0$ のとき $x = x_0$ だったとすれば，これを $x = Ce^t$ に代入して，

$$x_0 = Ce^0 = C$$

より $C = x_0$ と決まり，(3.21) の解は $x = x_0 e^t$ という形になる*18．このように，初期条件は微分方程式の解に含まれる定数 C の値を決める情報になる．

例題 3.80 C を定数，k は正の定数として，関数

$$x = Ce^{-kt} \tag{3.22}$$

が満たす微分方程式を作れ．

解答 (3.22) を微分すると，

$$\frac{dx}{dt} = -k \cdot Ce^{-kt}$$

*18 実は，これ以外に (3.21) の解はないことがわかる．

となるから，

$$\frac{dx}{dt} = -kx \tag{3.23}$$

という微分方程式ができる． ∎

x が化学反応における反応物 A の濃度 $[A]$ の場合は，定義 3.79 により $v_A = -d[A]/dt$ だったことに注意して，(3.23) は

$$v_A = k[A] \quad (k > 0)$$

の形になる．これは，ある瞬間の反応速度が，その瞬間の物質の濃度に比例することを主張している．化学の世界ではよくみられる現象である．

注意 3.81　バスタブの栓を抜いて，お湯が流れ出てゆくのを観察した経験があるだろうか．抜いた直後，まだお湯がたっぷり入っているときは水圧のせいで勢いよく排出され，お湯が残り少なくなればなるほど排出速度は遅くなるように見える．これを正確に述べると次のようになる．栓を抜いてから t だけ時間が経過したときの湯面の高さを $h = h(t)$ とすると，h の減少速度がそのときの高さ h に比例する．微分方程式では，

$$-\frac{dh}{dt} = kh \quad (k > 0)$$

となるわけである．

自然現象で頻出する微分方程式 3.82

減少してゆく自然現象を表す関数 $x = x(t)$ に対し，それが進行する速さ $v = -dx/dt$ は，その瞬間の x に比例すると考えるとうまく説明できることが多い．これを微分方程式で表現すると，

$$-\frac{dx}{dt} = kx$$

となる．ここに k は正の定数である．

このような自然現象の代表的なものとして，化学反応における反応物の濃度，薬物服用後の血中濃度，放射性物質の量などがある．

例題 3.83　C を定数，k は正の定数として，関数

$$x = \frac{1}{kt + C} \tag{3.24}$$

が満たす微分方程式を作れ.

解答　(3.24) を微分すると，

$$\frac{dx}{dt} = -\frac{k}{(kt+C)^2}$$

となるから，

$$\frac{dx}{dt} = -kx^2$$

という微分方程式ができる.　∎

余談 3.84　化学反応における反応物 A の濃度 $[A] = [A](t)$ の減少する速さ v_A は，一般に

$$v_A = -\frac{d[A]}{dt} = k[A]^n$$

を満たすと考えられている．この n を反応の**次数**，正の定数 k を**反応速度定数**と呼ぶ．n は自然数とは限らないが，$n = 0, 1, 2$ の場合を扱うことがほとんどである．例題 3.80 および 3.83 がそれぞれ $n = 1, 2$ の場合である.

定義 3.85　時間 t の関数として $x = x(t)$ と表示される自然現象において，観測開始時の値を x_0 と記すことにする．$x_0 = x(0)$ である．このとき，x の値が x_0 のちょうど半分の $x_0/2$ になるまでに要する時間を**半減期**と呼び，記号 $t_{1/2}$ で表す．すなわち，

$$x(t_{1/2}) = \frac{x_0}{2}$$

である.

例題 3.86 $x = x_0 e^{-kt}$ $(k > 0)$ と表される自然現象の半減期を求めよ．

解答 半減期の定義に基づいて，

$$x_0 e^{-kt_{1/2}} = \frac{x_0}{2}$$

を解けばよい．$e^{kt_{1/2}} = 2$ より，

$$t_{1/2} = \frac{\log 2}{k} \tag{3.25}$$

を得る．

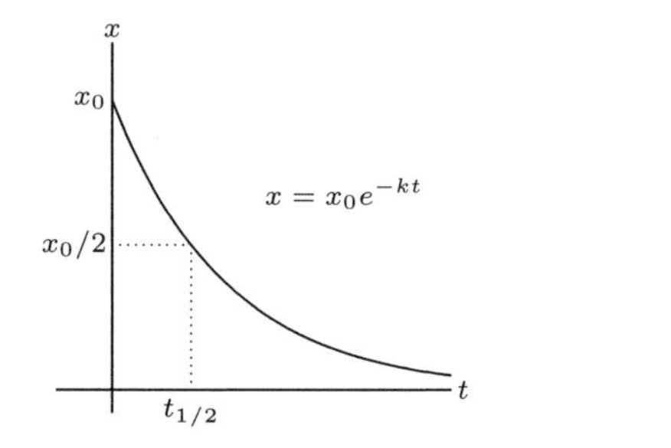

■

注意 3.87 (3.25) には著しい特徴がある．この式の中には初期値 x_0 が含まれていない．つまり，x_0 の値に無関係に半減期が決まっているということを示している．このことを次の例題で確認してみよう．

例題 3.88 例題 3.86 において，任意の時刻 t から測定を開始して (3.25) だけ経過すると，x の値は時刻 t のときの半分になることを示せ．

解答 時刻 t のときの $x = x_0 e^{-kt}$ が，時刻 $t + t_{1/2}$ では半分の $x/2$ になることを示せばよい（下図）．例題 3.86 の計算を参照して，

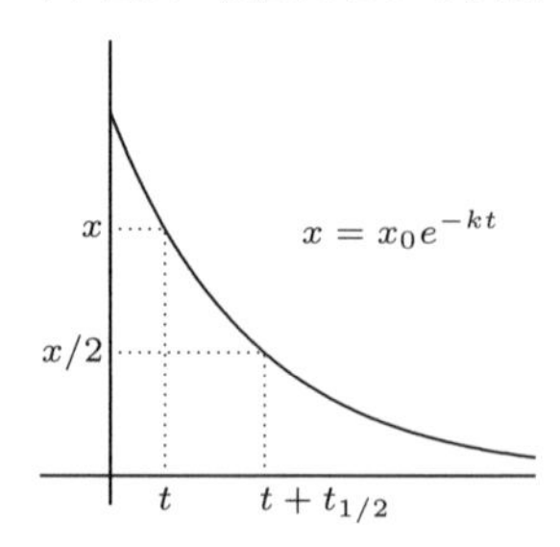

$$x(t+t_{1/2}) = x_0e^{-k(t+t_{1/2})} = x_0e^{-kt} \cdot e^{-kt_{1/2}} = x/2$$

が示された．▮

問 3.89　$x = x(t)$ が次のそれぞれの場合に半減期 $t_{1/2}$ を求め，(3.25) と比較せよ．k は正の定数，$x_0 \neq 0$ とする．

(1) $x = -kt + x_0$　(2) $x = \dfrac{1}{kt + 1/x_0}$

3.13.3　加速度と 2 次導関数

速度関数 dx/dt を微分したら何が得られるだろう．速度の瞬間変化率，つまり**加速度**である．

加速度の定義 3.90

$x = x(t)$ で表される自然現象の速度関数 $v = v(t)$ の導関数が加速度関数 $\alpha = \alpha(t)$ である．これは x からみれば 2 次導関数になる．

$$\alpha(t) = \frac{dv}{dt} = \frac{d^2x}{dt^2}.$$

注意 3.91　速度 $v(t)$ 同様，加速度 $\alpha(t)$ にも符号がつく．$\alpha(t) > 0$ は $v = v(t)$ のグラフの接線の傾きが正であることを意味するので，速度が増加していること，つまり加速していることを表す．逆に $\alpha(t) < 0$ なら減速していることを示す．

アリストテレス（BC384–BC322）は，止まっている物体に力を加えると物体が動く，すなわち物体に速度が発生するので，力は速度の原因だと考えたが，これが正しくないことはニュートン（1643–1727）によって明らかにされた．「与えた力に比例し，質量に反比例する加速度が物体に生じる」という因果法則を数式で表現したものが**運動方程式**と呼ばれている微分方程式である．その解が物体の将来的な運動を記述するのである．

運動方程式 3.92

$x = x(t)$ で表される運動をしている慣性質量 m の物体に力 F を加えたとき，次の運動方程式が成り立つ．

$$F = m\frac{d^2x}{dt^2}. \tag{3.26}$$

注意 3.93　高層ビルの屋上から落下しつつある物体に働く一切の力が突然消失しても，その物体はプカプカ浮いたりはしない．その瞬間の軌道の接線方向に，その瞬間の速さを保ったまま落下して地面に激突する．(3.26) で $F = 0$ とおけば，$d^2x/dt^2 = 0$ すなわち，速度 $v(t) =$ 定数 となるからである．これが**慣性の法則**である．英語では Law of inertia という．inertia のもともとの意味は「怠ける」とか「惰性」である．つまり，「惰性でそのときの状態を続ける法則」という意味である．物体に備わっている，速度変化に抗う能力が慣性であると言い換えてもよい．その能力を数値化したものが慣性質量，世の中では簡単に質量と呼ばれているものである．

例 3.94　下図は，一端を固定されたバネに，滑らかな水平面上で質量 m の物体が取りつけられて静止している様子である．空気抵抗も無視する．

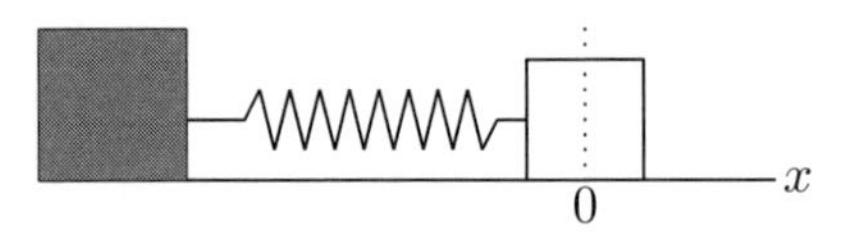

物体に水平方向に力を加えると，よく知られたフックの法則により，物体は釣り合いの位置からの変位 x に比例した復元力 F を，変位とは逆向きに受ける．その比例定数を $k > 0$ とすると，

$$F = -kx$$

と表されるから，運動方程式 (3.26) に代入すれば，

$$m\frac{d^2x}{dt^2} = -kx \tag{3.27}$$

という微分方程式ができる．(3.27) を解くことにより，物体がどのような運動をするのかが数学的に解明される．

A, B を定数として，$x = A\sin t$ および $x = B\cos t$ が微分方程式

$$\frac{d^2x}{dt^2} = -x$$

の解であることから想像がつくように，(3.27) の解は

$$x = A\sin\sqrt{\frac{k}{m}}\,t + B\cos\sqrt{\frac{k}{m}}\,t \tag{3.28}$$

で与えられることがわかっている．この運動を**単振動**とか**調和振動**と呼ぶ．

問 3.95　(3.28) が (3.27) の解であることを確かめよ．

3.14　2次元の運動

62ページ脚注にあるように，2次元（平面上）の運動はベクトル値関数

$$\boldsymbol{r}(t) = (x(t),\, y(t)) \tag{3.29}$$

で表される．t をパラメータと呼んだ．→第1章例1.15〜．その速度は再びベクトル値関数になり，

$$\boldsymbol{v} = \boldsymbol{v}(t) = \frac{d\boldsymbol{r}}{dt} = \left(\frac{dx}{dt},\, \frac{dy}{dt}\right) \tag{3.30}$$

と定義される．速さは (3.30) のベクトルとしての大きさ

$$|\boldsymbol{v}| = \sqrt{\left(\frac{dx}{dt}\right)^2 + \left(\frac{dy}{dt}\right)^2}$$

となる．

(3.29) の軌跡は一般に平面上の曲線となるが，一定の条件の下にパラメータ t を消去して，その曲線の方程式を $y = f(x)$ の形に表すことができる[*19]．その曲線の接線の傾き，或いは $y = f(x)$ の導関数は次のようにして得られる．

[*19] これは原理的にできるという意味であって，実際に具体的な関数 $y = f(x)$ の表示式が得られると言っているのではない．

パラメータ表示された関数の微分 3.96

$\boldsymbol{r}(t) = (x(t), y(t))$ のようにパラメータ表示された関数の微分は

$$\frac{dy}{dx} = \frac{dy}{dt}\bigg/\frac{dx}{dt} \tag{3.31}$$

で与えられる.

証明　この事実を証明するためには，$x = x(t)$ が微分可能で導関数が連続であるという仮定を置く．このとき，$dx/dt \neq 0$ であるような t の範囲を適切にとれば，$x = x(t)$ は単調増加または単調減少にできるので，そこで逆関数 $t = t(x)$ が存在する．従って，y は x の関数 $y = y(t(x))$ となり，連鎖律（3.13）および逆関数の微分法（3.15）より，

$$\frac{dy}{dx} = \frac{dy}{dt} \cdot \frac{dt}{dx} = \frac{dy}{dt}\bigg/\frac{dx}{dt}$$

を得る. ∎

例題 3.97　円が直線上を滑ることなく転がるとき，円周上の定点の描く軌跡をサイクロイドという．円の半径を 1 とすると，サイクロイドは

$$x = t - \sin t, \quad y = 1 - \cos t$$

とパラメータ表示される．この曲線に $t = \pi/2$ の点で引いた接線 ℓ の方程式を求めよ.

解答　$0 \leqq t \leqq 2\pi$ におけるサイクロイド曲線は下図のようになる．71 ページ脚注にあるように，$x = t - \sin t$ を t について具体的に解くわけにはいかないので，t を消去して，サイクロイドを $y = f(x)$ 型の方程式として表すことはできない.

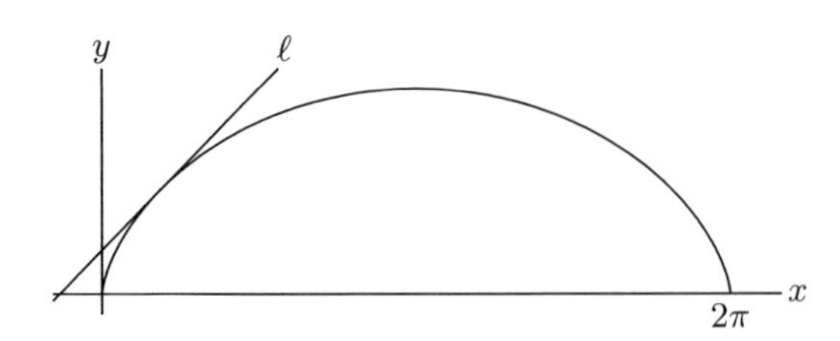

$$\frac{dx}{dt} = 1 - \cos t\,, \quad \frac{dy}{dt} = \sin t$$

であるから，(3.31) より

$$\frac{dy}{dx} = \frac{\sin t}{1 - \cos t} \tag{3.32}$$

となる．接点の座標は

$$\left(\frac{\pi}{2} - 1,\, 1\right)$$

であり，接線の傾きは (3.32) に $t = \pi/2$ を代入して 1 であることがわかる．よって ℓ の方程式は

$$y = 1 \cdot (x - \pi/2 + 1) + 1 = x - \pi/2 + 2$$

となる．∎

例題 3.98　地面に対して $\theta\,(0 < \theta < \pi/2)$ の角度をなす方向に初速度 v_0 で打ち上げた物体の軌道を求めよ．物体の大きさ，および空気抵抗などの重力以外の外力は無視できるものとする．

解答　2 次元以上の運動では，直交座標軸をうまくとって運動を各成分に分けて調べるのが基本である．物体の運動を，下図の座標軸の下で (3.29) のように

$$(x(t),\, y(t))$$

と表そう．鉛直上向きが正の向きである．初速度ベクトルの向きが慣性運動の向きであり，物体が一切の力を受けないならば，慣性の法則 (注意 3.93) により，この方向に v_0 の速度のままで永遠に飛び続けるはずである．

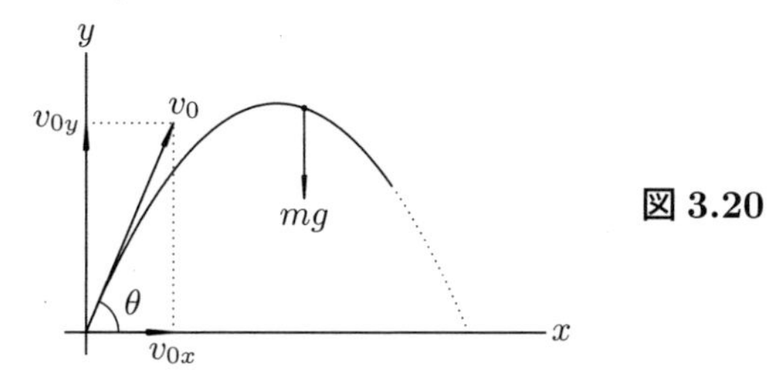

図 3.20

ところが，物体は地球の重力 mg を鉛直下向きに受け続ける．そのために速度（ベクトルなので速さと向きの両方）が変わるのである．これを x 方向，y 方向とに分けて運動方程式（3.26）を立てて解析すればよい．x 方向に関しては，仮定により一切の力が働かない．y 方向に関しては，下向きに重力 mg が働くのみである．これを運動方程式に翻訳すると，

$$F_x = m\frac{d^2x}{dt^2} = 0, \tag{3.33}$$

$$F_y = m\frac{d^2y}{dt^2} = -mg \tag{3.34}$$

となる．また，初速度 v_0 を各成分に分解したものを

$$v_{0x} = v_0 \cos\theta\,,\ v_{0y} = v_0 \sin\theta$$

と書くことにすると，微分方程式（3.33),（3.34）の解は順に

$$x = x(t) = v_{0x}t, \tag{3.35}$$

$$y = y(t) = -\frac{1}{2}gt^2 + v_{0y}t \tag{3.36}$$

となることがわかる．

問 3.99　(3.35),（3.36）が解であることを確かめよ．

（3.35）を t について解いて（3.36）に代入すれば，

$$\begin{aligned} y &= -\frac{1}{2}g\left(\frac{x}{v_{0x}}\right)^2 + \frac{v_{0y}}{v_{0x}}x \\ &= -ax^2 + bx \end{aligned} \tag{3.37}$$

となる．ここで，$g/(2v_{0x}^2) = a > 0$，$v_{0y}/v_{0x} = b > 0$ と置いた．（3.37）は図 3.20 の xy 平面において，原点を通る放物線の方程式であり，打ち上げられた物体の軌道は上に凸の放物線であることがわかった．　■

演習問題 3

1 次の各関数を微分せよ（多項式・有理関数）.

(1) $y=(x^2+3x+2)^8$　(2) $y=\dfrac{2}{(4x-3)^3}$　(3) $y=(3x-8)^5$

(4) $y=\dfrac{1}{(9-x)^2}$　(5) $y=\dfrac{x+1}{x^2-4}$

2 次の各関数を微分せよ（無理関数）.

(1) $y=\sqrt{x^2+2x+3}$　(2) $y=\dfrac{1}{\sqrt[3]{x}}$　(3) $y=\dfrac{x}{\sqrt{1+x}}$

(4) $y=\sqrt{x}\,(x+2)$　(5) $y=\sqrt{1-x^2}$

3 次の各関数を微分せよ（三角関数）.

(1) $y=\sin(2x-1)$　(2) $y=\tan^3 x$　(3) $y=\cos^2 x$

(4) $y=\sin\sqrt{x}$　(5) $y=\cos(1-4x)$　(6) $y=\dfrac{\sin x-\cos x}{\sin x+\cos x}$

4 次の各関数を微分せよ（逆三角関数）.

(1) $y=\arcsin\sqrt{x}$　(2) $y=\arccos 2x$　(3) $y=\arctan x^3$

5 次の各関数を微分せよ（指数関数）.

(1) $y=(e^x-e^{-x})^2$　(2) $y=e^{-x^2}$　(3) $y=(e^{3x}+2)^4$

(4) $y=e^{\sin x}$　(5) $y=xe^{2x}$　(6) $y=\dfrac{e^x-1}{e^x+1}$

6 次の各関数を微分せよ（対数関数）.

(1) $y=(\log x)^2$　(2) $y=\dfrac{x}{\log x}$　(3) $y=\log(x+\sqrt{x^2+1})$

(4) $y=x\log 3x$　(5) $y=\log(\log x)$　(6) $y=\log\left|\tan\dfrac{x}{2}\right|$

7 次の各関数を微分せよ（対数微分法）．

(1) $y = x^{\log x}$　　(2) $y = (\log x)^x$　　(3) $y = \sqrt[3]{\dfrac{x^2+1}{(x+1)^2}}$

8 $f(x)$ が実数全体で微分可能な関数のとき，次の微分計算を実行せよ．

(1) $\{f(ax+b)\}'$　（a, b は定数）　　(2) $e^{-x}\{\,e^x f(x)\,\}'$

9 座標平面上で原点中心，半径 1 の円は

$$x = \cos t\,,\ y = \sin t$$

とパラメータ表示される．(3.31) を用いて円周上の点 $(-1/2, \sqrt{3}/2)$ における接線の方程式を求めよ．

10 関数 $f(x) = x^2e^{-x}$ の極値を求めてグラフの概形を描け．

11 ある薬物の水溶液中での分解過程を調べるために，縦軸に濃度 C（単位 mg/mL）の常用対数 $\log_{10} C$ を，横軸に時間 t（単位 hour）をとってグラフにしたところ右図のようになった．$\log_{10} 2 = 0.3$ として以下に答えよ．

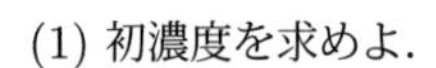

(1) 初濃度を求めよ．

(2) $\log_{10} C$ を t の式で表せ．

(3) この反応の半減期 $t_{1/2}$ を求めよ．

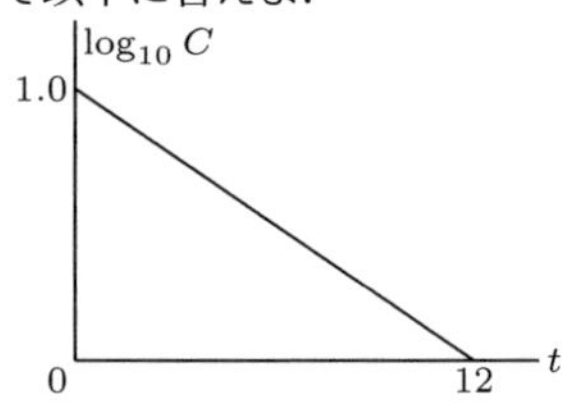

12 t の関数 $x = Ce^{-2t}$ が微分方程式

$$\frac{d^2x}{dt^2} + 2\frac{dx}{dt} - 2x = 3e^{-2t}$$

の解になるように定数 C の値を定めよ．

13 t の関数 $x = C_1 \cos t + C_2 \sin t$ が微分方程式

$$\frac{d^2x}{dt^2} - \frac{dx}{dt} - 2x = 2\sin t$$

の解になるように定数 C_1, C_2 の値を定めよ．

第 4 章

積分法

新入生に微積分を教えていると,

どうして積分すると面積が求まるのかわからない

という心の叫びにも似た真摯な質問に出会うことがある*[1]. この質問者の言う積分とは「微分の逆」の意味である. つまり,「微分の逆操作を行うとなぜ面積が計算できるのか」と尋ねているのである. 高校教科書でそのことに対する説明が無視されているわけではないようだが, 我が国の数学教育を取り巻く“心”が全く別の次元にあれば, せっかくの数学の本質に迫る問題意識も育まれることはないだろう.

そもそも微分積分学という名前は, それぞれ全く別の起源をもって生まれた微分法と積分法が, 17 世紀のニュートンとライプニッツの発見によって表裏の関係にあることが明らかにされて以来, くっつけて呼ばれるようになったものである. 冒頭の質問は, もともと無関係に存在していた微分法と積分法が, くっつけて呼ばれるようになった経緯を問うていることになる. 本書では, その経緯を説明することから積分法の勉強を始めよう.

---

*[1] 残念なことに「たまに」なのだが.

4.1 積分の起源と定積分

積分概念の萌芽は，17 世紀に微分法が発見されるより遥か昔，古代ギリシアのアルキメデス（BC287?–BC212）にまで遡る．コンパスで簡単に描くことのできる図形である円の周の長さや面積を求めることは，人類にとって最も身近な数学的問題のひとつであり，アルキメデスの興味もそこにあった．それに比べたら，運動している物体の「瞬間の速度」などという概念はずっと高級で，微分法の発見が 2000 年も遅れたのは当然である．しかし，円周の長さや円の面積を求めるのは，口で言うほど簡単なことではない．

下図 4.1 は，円に正 6 角形，正 12 角形，$\cdots$ を内接させてゆくプロセスを描いたものである．

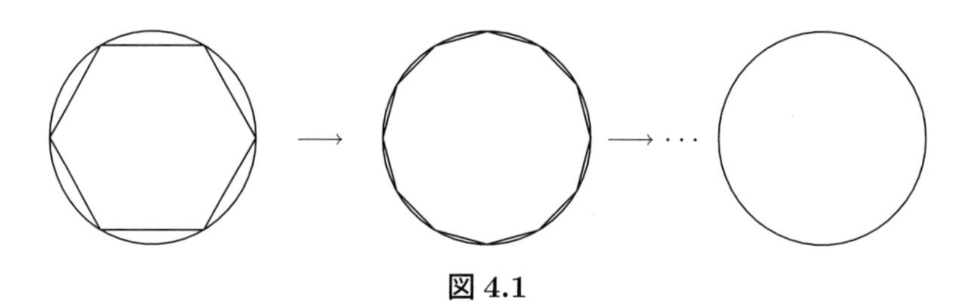

図 4.1

アルキメデスは，このプロセスを内外接正 96 角形の周の長さに適用して，円周率 π の値が

$$3\,\frac{10}{71} < \pi < 3\,\frac{1}{7}$$

の範囲に存在することを突き止めたのであった．

このように，曲線図形を，面積の簡単に計算できる直線図形に分割し，次第に分割を細かくしてゆくプロセスによって，その面積に迫ろうという素朴で力強いアイデアこそが積分法の源泉なのである．

デカルト（1596–1650）以来，人類は方程式の解集合をグラフとして視覚的に表せるようになった．そこで，放物線 $y = x^2\,(0 \leqq x \leqq 1)$ のグラフが x 軸との間で囲む図形の面積を，このアイデアに従って求めてみよう．

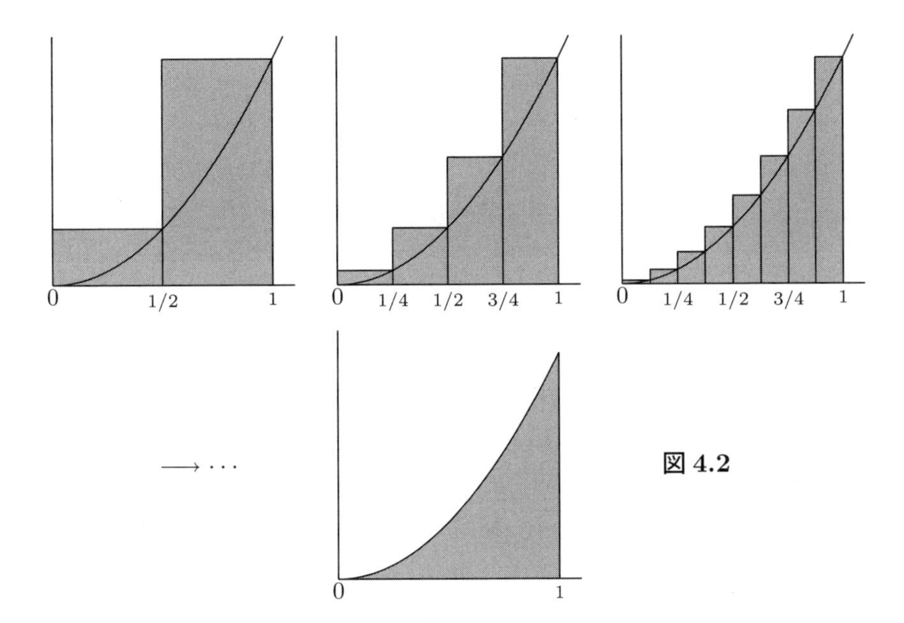

図 4.2

面積を求めたい図形を，上図のように長方形で近似してゆく．2 等分→ 4 等分→ 8 等分と細かくするに従い，長方形の面積合計は 5/8 → 15/32 → 51/128 と減少して，目的の面積に近づいてゆく．この操作を続けていったときの“無限の果てにあるはずの値”は，現代の記号を用いて書けば

$$\lim_{n\to\infty}\frac{1}{n}\sum_{k=1}^{n}\left(\frac{k}{n}\right)^2 \tag{4.1}$$

となるが[*2]，この極限値こそが目的の面積であると考えられよう．

実は，この値が 1/3 であることをアルキメデスの天才は既に見抜いていたのである．アルキメデスの時代には，我々が使っているような座標や数学記号はおろか，アラビア数字すら存在していなかった．アルキメデスは放物線

[*2] この式の計算は次のように実行する．

$$= \lim_{n\to\infty}\frac{1}{n^3}\sum_{k=1}^{n}k^2 = \lim_{n\to\infty}\frac{1}{n^3}\cdot\frac{n(n+1)(2n+1)}{6} = \frac{1}{6}\lim_{n\to\infty}\left(1+\frac{1}{n}\right)\left(2+\frac{1}{n}\right) = \frac{1}{3}.$$

のもつ性質を巧みに利用したうえで，2重帰謬法（背理法を2回使って等式を示す）と呼ばれる論理に基づく「取り尽くし法」という，時代に先駆けた一種の無限操作を駆使してこの値を見事に射止めたのであった[*3].

図 4.3

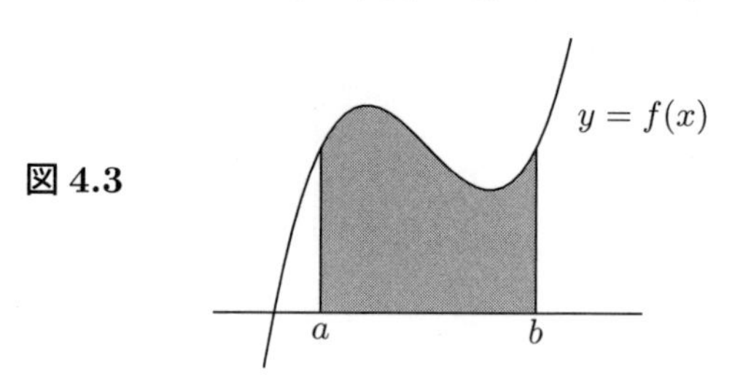

以上の方法を，一般の関数 $y = f(x)$ のグラフが囲む部分に適用して求めた上図 4.3 の網掛け部の面積[*4]を，ライプニッツが創案した記号で

$$\int_a^b f(x)\,dx$$

と書き，この値を $f(x)$ の $[a, b]$ 上の**定積分**と呼ぶ．$f(x)$ を $\boldsymbol{a}$ **から** $\boldsymbol{b}$ **まで積分する**ともいう．また，dx の x を**積分変数**という．

注意 4.1 本章で学ぶ積分に関しては，x は必ず $f(x)$ と dx の両方に一致して現れるので，$f(x)$ の x が積分変数だと思っても結果的には変わりがない．しかし，パラメータを含む積分では両者には食い違いが現れる．文字だらけの関数を積分するときは，どれが積分変数なのか，常に注意を払わなければならない．

例 4.2 極限値 (4.1)，すなわち $y = x^2$ の $[0, 1]$ 上の定積分は

$$\int_0^1 x^2\,dx = \frac{1}{3}$$

と表され，計算される．

[*3] 今日のいわゆる $\varepsilon - \delta$ 論法に通じる精神がここには既にある．アルキメデス最晩年の著作『方法』には，彼が使ってきた驚くべき発見的方法が述べられている．参考文献 [10] 参照.

[*4] $f(x)$ のグラフが x 軸より下にある場合もあるので，正しくは「符号つき面積」である.

さて，定積分を以上のように定義したものの，$y = x^2$ ではたまたまうまく計算できただけではないか，という疑問が湧いてくる．実際，$\ell \geqq 3$ に対して，$y = x^\ell$ の $[0, 1]$ 上の定積分

$$\int_0^1 x^\ell \, dx$$

ですら（4.1）のように簡単に計算するわけにはいかない[*5]．つまり，これまで述べてきた定積分の定義はあくまで原理であって，具体的な計算が実行可能なわけではないのである．ひとまずここまでを整理しておこう．

定積分の本来の意味 4.3

本来の意味の定積分

$$\int_a^b f(x) \, dx$$

には，曲線図形を直線図形によって無限に細分していったときの“果てにあるはずの値（面積）”という意味の極限操作が込められている．しかしながら，微分との関係はまだ何ひとつ明らかではない．

注意 4.4　下図 4.4 は関数 $f(x) = x^2$ の $0 \leqq x \leqq 1$ 上の定積分，図 4.5 は関数 $x(t) = t^2$ の $0 \leqq t \leqq 1$ 上の定積分を表している．両者は関数の表記が違うだけで，関数の機能も面積も全く同じである．よって，ふたつの定積

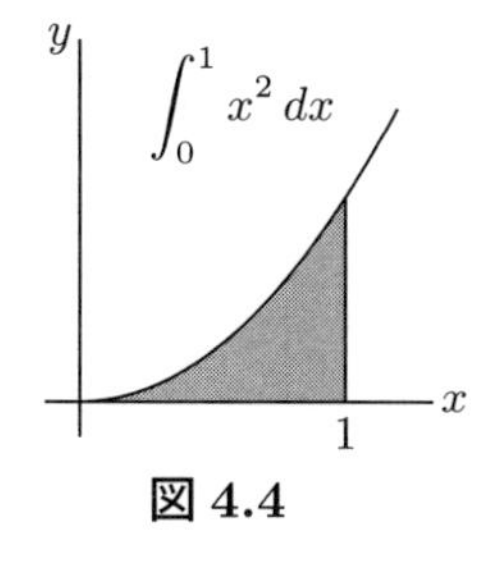

図 4.4

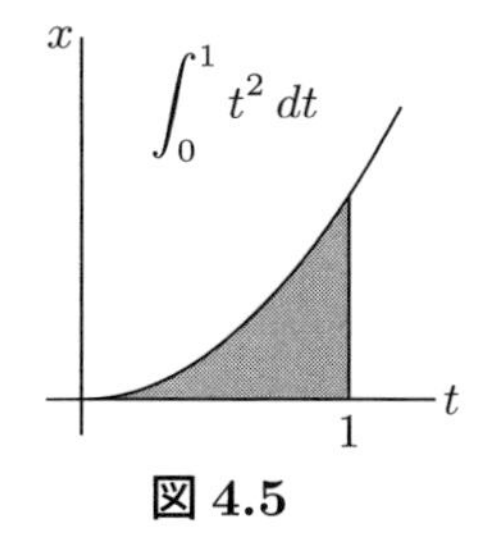

図 4.5

*5 $\sum_{k=1}^{n} k^\ell$ $(\ell \geqq 3)$ を一般的に計算しなければならないのだが，$\ell = 3$ までは覚えていても，$\ell = 4$ の場合の結果を知っている読者はほとんどいないのではないか．これは，ベルヌーイ数という数学的にとても興味深い対象とつながっている．

分は等しい．つまり，

$$\int_0^1 x^2\,dx = \int_0^1 t^2\,dt$$

が成り立つ．このように，関数の機能が同じであれば，積分変数に何を用いるかは定積分の結果に影響しない．定積分の結果は，面積という実数値になってしまうのだから．

4.2　定積分と微分の関係（不定積分）

17 世紀半ばに生まれた 2 人の天才ニュートンとライプニッツは，アルキメデスとは違う方法で曲線図形の面積を捉えた．この 2 人がそれまでの数学の伝統と異なっていたのは，自ら開発したばかりの微分法という強力な武器を身につけていたことであった．

関数 $y = f(x)$ の $[a, b]$ 上の定積分を考える（図 4.6）．

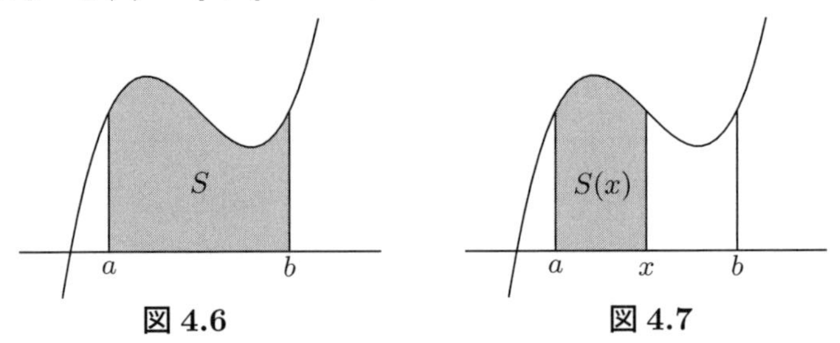

図 4.6　　図 4.7

次に a と b の間を動き回る変数 x を取り，図 4.7 のような面積を考える．x は動くので，それに応じて図 4.7 の面積も変化する．だから，x の関数として $S(x)$ と書く必要がある．この関数 $S(x)$ をとりあえず**面積関数**と呼ぶことにして，試しに微分してみよう．微分の定義によって，

$$S'(x) = \lim_{h\to 0} \frac{S(x+h) - S(x)}{h}$$

となる．$h > 0$ として分子の $S(x+h) - S(x)$ を図示してみると，次ページ図 4.8 の網掛け部分の面積になる．それを拡大したのが図 4.9 である．

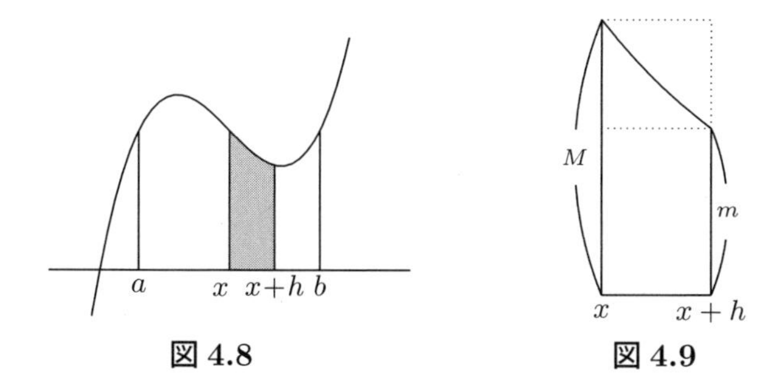

図 4.8　　図 4.9

区間 $[x, x+h]$ における $f(x)$ の最大値を M，最小値を m とすれば，面積を比べることによって，不等式

$$mh \leqq S(x+h) - S(x) \leqq Mh$$

が成り立つことがわかる．h を 0 に近づけてゆけば，

$$M,\, m \to f(x) \quad (h \to 0)$$

となるから，

$$\lim_{h \to 0} \frac{S(x+h) - S(x)}{h} = S'(x) = f(x)$$

が得られた[*6]．**面積関数 $S(x)$ を微分すると $f(x)$ になることがわかった．** これがニュートンとライプニッツが発見した事実である．

さて，注意 4.4 によって積分変数を t に変えて

$$S(x) = \int_a^x f(t)\, dt$$

と表せるが，面積関数という代わりに積分論ではこれを $f(x)$ の**不定積分**と呼ぶ．定積分では積分範囲の a, b がともに固定された定数であったが，上端が変数 x になって動くものを不定積分というのである．ここまでに得られた結果をまとめておこう．

[*6] 数学的にはこれでも曖昧なのであるが，$f(x)$ が連続関数ならこの議論でほぼ正しい．

不定積分 4.5

関数 $f(x)$ の不定積分 $S(x)$ を微分すると $f(x)$ に戻る[a]．すなわち，

$$S'(x) = \frac{d}{dx}\int_a^x f(t)\,dt = f(x)\,.$$

[a] 本書では必要ないが，厳密には連続関数 $f(x)$ を対象にしている．

4.3 原始関数（逆微分）

定義 4.6 微分したら $f(x)$ になる関数のことを $f(x)$ の**原始関数**と呼ぶ．

例 4.7 $f(x)$ の不定積分 $S(x)$ は $f(x)$ の原始関数である．

注意 4.8 原始関数とは「微分の逆」すなわち**逆微分**のことであり，積分とは無関係に定義される概念である．引き算が足し算の逆演算であるように，割り算が掛け算の逆演算であるように，全く同じ意味で，微分の逆演算が原始関数なのである．

注意 4.9 原始関数はひとつあれば*7，結局無数にある．なぜなら，$F(x)$ を $f(x)$ の原始関数だとすると，C を任意の定数として $F(x)+C$ も $f(x)$ の原始関数だからである．

命題 4.10 ふたつの関数 $f(x), g(x)$ が $f'(x) = g'(x)$ を満たせば，定数 C を用いて $f(x) = g(x) + C$ と表せる．このことを，f と g は定数の違いしかない，と表現する．

証明 定数を微分したら 0 になることを我々は知っている．逆に，微分して 0 になったら，その関数は定数関数である*8．導関数の基本公式により，

$$\{f(x) - g(x)\}' = f'(x) - g'(x) = 0$$

となるから，$f(x) - g(x) = C$ を得る． ∎

*7 不連続な関数では，不定積分は存在してもそれが原始関数にならない場合がある．

*8 一見当たり前に思えるけれど，数学的に厳密に証明するには，条件を適切に設定した上で，平均値の定理を持ち出さなければならない．

微分積分学の基本定理 4.11

$f(x)$ の定積分を計算するには，原始関数をひとつ求めればよい．すなわち，$F(x)$ を $f(x)$ の原始関数とすると，

$$\int_a^b f(x)\,dx = F(b) - F(a)$$

である．この右辺を

$$\Big[F(x)\Big]_a^b$$

という記号で書く慣習である．この定理は，f のグラフが囲む面積を求めるのに，面積とは何の関係もなく得られる逆微分 $F(x)$ を考えるだけでよいという画期的なことを主張しているのである．

証明　不定積分 $S(x)$ も f の原始関数であるから $S'(x) = F'(x) = f(x)$ となり，命題 4.10 により定数 C を用いて

$$S(x) = F(x) + C \tag{4.2}$$

と表せる．ここで，

$$S(a) = \int_a^a f(t)\,dt = 0\,, \quad S(b) = \int_a^b f(x)\,dx$$

に注意して (4.2) に $x = a$ を代入すると，$C = -F(a)$ がわかり，次に $x = b$ を代入して

$$\int_a^b f(x)\,dx = F(b) + C = F(b) - F(a)$$

が得られる．(4.2) は**不定積分と原始関数が本質的に同じもの**であることを主張している（一般的には成り立たない）．**以後は両者を同じものとして扱う**．■

例 4.12　$F(x) = x^3/3$ は $f(x) = x^2$ の原始関数である．従って，

$$\int_0^1 x^2\,dx = \left[\frac{x^3}{3}\right]_0^1 = \frac{1^3}{3} - \frac{0^3}{3} = \frac{1}{3}$$

と計算される．(4.1) の計算の大変さと比べて，この定理が人類にどれだけの進歩をもたらしたかを想像してみてほしい．

原始関数の重要性が明らかになったところで，改めて記号を与えよう．

原始関数の記号 4.13

$f(x)$ の原始関数（逆微分）を

$$\int f(x)\,dx$$

と表す．注意 4.9 にあるように，$f(x)$ の原始関数は定数の違いの分だけ無数にあるので，そのひとつを $F(x)$ とすると，原始関数全体は

$$\int f(x)\,dx = F(x) + C$$

のように書かれる．C は任意の定数である．

注意 4.14 几帳面に受け取った読者は，例 4.12 は

$$\int_0^1 x^2\,dx = \left[\frac{x^3}{3} + C\right]_0^1$$

としなければいけなかったのではないか，と思ったかもしれない．しかし，この計算を実行してみると，

$$= \left(\frac{1^3}{3} + C\right) - \left(\frac{0^3}{3} + C\right) = \frac{1}{3}$$

となって C はあってもなくても関係ないのである．だから，定積分をするときは原始関数に $+C$ をつける必要はない．

例 4.15 $\sin x$ の原始関数は $-\cos x + C$ であるから，

$$\int_0^{\pi} \sin x\,dx = \Big[-\cos x\Big]_0^{\pi} = -\cos\pi - (-\cos 0) = 1 + 1 = 2\,.$$

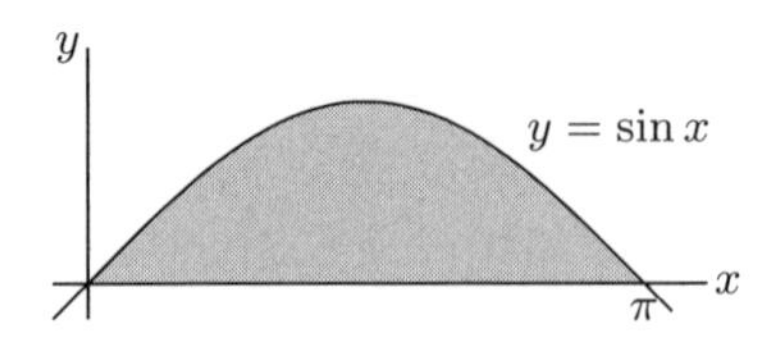

4.4　原始関数の計算

公式 4.16　原始関数は微分の逆であるから，導関数の基本公式を逆に見ることによって次の公式が導かれる．α, β は定数である．

$$\int \Big\{\alpha f(x) + \beta g(x)\Big\} dx = \alpha \int f(x)\, dx + \beta \int g(x)\, dx\,.$$

例 4.17　たとえば，

$$\begin{aligned} &\int \left(3\log x - 2\tan x - 4e^{-x^2}\right) dx \\ &= 3\int \log x\, dx - 2\int \tan x\, dx - 4\int e^{-x^2}\, dx \end{aligned} \tag{4.3}$$

となる．あとは（4.3）の個々の原始関数が求まればよいわけである．これ以後，我々はそれらを求める技術を学ぶことになる．

公式 4.18　第 3 章で学んだ種々の関数の導関数から次の公式が得られる．

$f(x)$	$\int f(x)\, dx$（$+C$ は略）
$x^\alpha \ (\alpha \neq -1)$	$\dfrac{1}{\alpha+1} x^{\alpha+1}$
$\dfrac{1}{x}$	$\log\|x\|$
e^x	e^x
a^x	$\dfrac{a^x}{\log a}$
$\sin x$	$-\cos x$
$\cos x$	$\sin x$
$\dfrac{1}{\cos^2 x}$	$\tan x$

表 4.10

よく使われるが，もう少し面倒なものを追加しよう．

$f(x)$	$\int f(x)\,dx$（$+C$ は略）
$\dfrac{f'(x)}{f(x)}$	$\log\|f(x)\|$
$\tan x$	$-\log\|\cos x\|$
$\log x$	$x\log x - x$
$\dfrac{1}{\sqrt{1-x^2}}$	$\arcsin x$
$\dfrac{1}{1+x^2}$	$\arctan x$

表 4.11

これらの表が正しいことは，原始関数（表の右列）を微分して表左列の $f(x)$ になることを確かめればわかる．

例題 4.19 表 4.11 の最初の結果

$$\int \frac{f'(x)}{f(x)}\,dx = \log|f(x)| + C$$

を確かめよ．次に，これを用いて表 4.11 の $\tan x$ の原始関数を導け．

解答 $\{\log|f(x)|\}' = f'(x)/f(x)$ を確かめればよい．$y = \log|f(x)|$ は $y = \log|t|$ と $t = f(x)$ との合成関数であるから，第2章で学んだ連鎖律によって

$$\{\log|f(x)|\}' = \frac{dy}{dx} = \frac{dy}{dt}\cdot\frac{dt}{dx} = \frac{1}{t}\cdot f'(x) = \frac{f'(x)}{f(x)}$$

が得られる．これを利用すると，$\tan x$ の原始関数が次のように求められる．

$$\int \tan x\,dx = \int \frac{\sin x}{\cos x}dx = -\int \frac{-\sin x}{\cos x}dx$$
$$= -\int \frac{(\cos x)'}{\cos x}dx = -\log|\cos x| + C. \qquad \blacksquare$$

問 4.20　表 4.11 の $\log x$ の原始関数について確かめよ．

表 4.10 のような単純な微分の逆読みでは求まらない原始関数の求め方として次の 4.21 が挙げられる．これは合成関数の微分を逆に見ているに過ぎないが，実験科学で現れるような原始関数を求めるだけなら，たいていの場合はこれで間に合ってしまうはずである．証明のプロセスをよく観察して連鎖律の仕組みに対する理解度を深めることが，4.21 を使いこなせるようになるための鍵である．

合成関数の原始関数 4.21

$a \neq 0$ および b を定数とする．$f(t)$ の原始関数が $F(t)$ であるなら，

$$\int f(ax+b)\,dx = \frac{1}{a}F(ax+b) + C \tag{4.4}$$

である．これを一般化すると，関数 $g(x)$ に対し，

$$\int f(g(x))g'(x)\,dx = F(g(x)) + C \tag{4.5}$$

が得られる．(4.5) は連鎖律 (3.14) で $f \leftrightarrow F,\ f' \leftrightarrow f$ としたものを積分の形に書いただけのものである．

証明　(4.4) の右辺を微分して $f(ax+b)$ になることを確かめればよい．$y = F(ax+b)$ は $y = F(t)$ と $t = ax+b$ の合成関数であるから，連鎖律によって次のように微分できる．

$$\begin{aligned}\left\{\frac{1}{a}F(ax+b)\right\}' &= \frac{1}{a}\cdot\frac{d}{dx}F(ax+b) = \frac{1}{a}\cdot\frac{dy}{dt}\cdot\frac{dt}{dx} \\ &= \frac{1}{a}\cdot F'(t)\cdot a = f(t) = f(ax+b)\,.\end{aligned}$$

後半も全く同様に，$y = F(g(x))$ を $y = F(t)$ と $t = g(x)$ との合成に分解して連鎖律を適用すればよい．$g(x) = ax+b$ の場合が前半の結果である．　■

最初のうちは (4.5) が少しわかりにくいかもしれない．与えられた積分を左辺の形に表せれば，原始関数は $F(g(x))$ だと言っているのである．

例題 4.22　次の各関数の原始関数を求めよ．

(1) $\sin 2x$　(2) e^{-3x+2}　(3) $(2x-1)^4$　(4) xe^{x^2}　(5) $\sin^3 x \cos x$

解答　(1)　(4.4) において $f(t)=\sin t,\ t=2x$ の場合である．f の原始関数は $F(t)=-\cos t$ であるから，

$$\int \sin 2x\,dx = \frac{1}{2}(-\cos 2x)+C = -\frac{1}{2}\cos 2x + C\,.$$

(2) $f(t)=e^t,\ t=-3x+2$ の場合である．$F(t)=e^t$ であるから，

$$\int e^{-3x+2}\,dx = -\frac{1}{3}e^{-3x+2}+C\,.$$

(3) $f(t)=t^4,\ t=2x-1$ の場合である．$F(t)=t^5/5$ であるから，

$$\int (2x-1)^4\,dx = \frac{1}{2}\cdot\frac{1}{5}(2x-1)^5+C = \frac{1}{10}(2x-1)^5+C\,.$$

(4) 次のように変形する．

$$\int xe^{x^2}\,dx = \frac{1}{2}\int 2xe^{x^2}\,dx\,. \qquad (*)$$

上式右辺は，先頭の 1/2 を除けば，(4.5)において $f(t)=e^t,\ t=g(x)=x^2$ の場合に当たる．f の原始関数は $F(t)=e^t$ であるから，

$$(*) = \frac{1}{2}e^{x^2}+C\,.$$

(5)　(4.5) において $f(t)=t^3,\ t=g(x)=\sin x$ の場合に当たる．f の原始関数は $F(t)=t^4/4$ であるから，

$$\int \sin^3 x\cos x\,dx = \frac{1}{4}\sin^4 x + C\,.$$

を得る．　▮

4.5　置換積分と部分積分

置換積分法 4.23

関数 $f(x)$ に 変数変換 $x = g(t)$ を施すと,

$$\int f(x)\,dx = \int f(g(t))\,g'(t)\,dt\,. \tag{4.6}$$

証明　この公式も合成関数の微分に対応する．連鎖律を用いて,

$$\frac{d}{dt}\int f(x)\,dx = \frac{d}{dx}\int f(x)\,dx \cdot \frac{dx}{dt} = f(x)\cdot\frac{dx}{dt} = f(g(t))\,g'(t) \tag{4.7}$$

を得るから，これを原始関数の言葉で書き直せばよい．

（4.6）の左辺は x の関数，右辺は t の関数になっていて変だな，と思った読者のために補足しておくと，（4.6）左辺は $f(x)$ の原始関数 $F(x)$ に $x = g(t)$ を合成した t の関数 $F(g(t))$ を表している．（4.7）の最左辺はそれを微分しているのである．従って，（4.6）は

$$F(g(t)) = \int f(g(t))\,g'(t)\,dt \tag{4.8}$$

と表すこともできる．（4.8）は（4.5）と変数が違うだけで全く同じ式である．　∎

注意 4.24　置換積分の公式（4.6）には 2 通りの使い方・見方があるともいえる．ひとつは左辺→右辺の向きに使うもので，この場合は $x = g(t)$ と変数変換する．もうひとつは，右辺→左辺の向きに見るもので，与えられた積分を右辺の形に表してから左辺にもっていく．この場合は（4.6）の t と x を入れ替え，左辺と右辺も入れ替えて

$$\int f(g(x))\,g'(x)\,dx = \int f(t)\,dt \tag{4.6a}$$

と書く方がよい．被積分関数の一部を $g(x) = t$ と置いたとき，もし被積分関数が（4.6a）左辺の形になるなら，右辺のように計算できるという使い方になる．以下の例題 4.26 および 4.27 で感覚を掴んでほしい．（4.6a）右辺を $F(t) = F(g(x))$ と表せば（4.5）になる．

置換積分の計算法　次のような手順で計算を実行する．

1. $x = g(t)$ もしくは $t = g(x)$ と置く．$g(x)$ は被積分関数の一部分である．感覚ができてくると，$g(x)$ はすぐに見つけられる．
2. それらを微分して形式的に分母を払う．

$$x = g(t) \quad \text{なら} \quad \frac{dx}{dt} = g'(t) \quad \text{から} \quad dx = g'(t)dt\,,$$

$$t = g(x) \quad \text{なら} \quad \frac{dt}{dx} = g'(x) \quad \text{から} \quad dt = g'(x)dx\,.$$

3. 以上の結果を積分式に形式的に代入する．

$$x = g(t) \quad \text{なら} \quad \int f(x)\,dx = \int f(g(t))g'(t)\,dt\,,$$

$$t = g(x) \quad \text{なら} \quad \int f(g(x))g'(x)\,dx = \int f(t)\,dt$$

となる．後者は，$g'(x)\,dx$ がまるごと dt で置き換えられるように，被積分関数の一部を t と置くのがコツである．

例題 4.25　$\int \sqrt{1-x^2}\,dx$ を求めよ．

解答　$x = \sin t$ $(-\pi/2 \leqq t \leqq \pi/2)$ と置く．理由は以下のプロセスから考えてほしい．t の範囲より

$$\sqrt{1-x^2} = \sqrt{1-\sin^2 t} = \sqrt{\cos^2 t} = \cos t$$

を注意しておく．$dx = \cos t\,dt$ であるから，

$$\begin{aligned}\int \sqrt{1-x^2}\,dx &= \int \cos t \cdot \cos t\,dt = \int \cos^2 t\,dt \\ &= \int \frac{1+\cos 2t}{2}\,dt = \frac{t}{2} + \frac{\sin 2t}{4} + C \\ &= \frac{\arcsin x}{2} + \frac{x\sqrt{1-x^2}}{2} + C\end{aligned}$$

となる．最終段で t の関数を x の関数に書き換える際に，

$$t = \arcsin x\,,\quad \sin 2t = 2\sin t\cos t = 2x\sqrt{1-x^2}$$

としなければならないのが煩わしい．→例題 4.47 (3). ∎

例題 4.26　$\displaystyle\int \frac{(\log x)^2}{x}\,dx$ を求めよ．

解答　被積分関数の一部である $\log x = t$ と置く．

$$dt = \frac{1}{x}\,dx$$

であるから，dx/x はまるごと dt で置き換えて，

$$\int \frac{(\log x)^2}{x}\,dx = \int t^2\,dt = \frac{t^3}{3} + C = \frac{(\log x)^3}{3} + C$$

が得られる． ∎

例題 4.27　$\displaystyle\int \frac{1}{\sqrt{2x+1}}\,dx$ を求めよ．

解答　$2x+1 = t$ と置くと，$dt = 2\,dx$ より

$$\int \frac{1}{\sqrt{2x+1}}\,dx = \int \frac{1}{\sqrt{t}}\cdot\frac{1}{2}\,dt = \int \frac{1}{2}t^{-1/2}\,dt = t^{1/2} + C$$

となるので，求める不定積分は $\sqrt{2x+1} + C$ である．

別解　$\sqrt{2x+1} = t$ と置く．両辺を 2 乗した $2x+1 = t^2$ より $dx = t\,dt$ がわかる．これらを形式的に代入して，

$$\int \frac{1}{\sqrt{2x+1}}\,dx = \int \frac{1}{t}\cdot t\,dt = \int dt + C = t + C = \sqrt{2x+1} + C$$

とする方がいくぶん簡単である． ∎

問 4.28　次の不定積分を求めよ．

(1) $\displaystyle\int e^x(e^x+1)^2\,dx$　　（$t = e^x + 1$ と置く）

(2) $\displaystyle\int \frac{\sin x}{(1+\cos x)^2}\,dx$　　（$t = 1 + \cos x$ と置く）

積の微分公式

$$\{f(x)g(x)\}' = f'(x)g(x) + f(x)g'(x)$$

の両辺の原始関数を考えると,

$$\int \{f(x)g(x)\}' dx = \int f'(x)g(x)\,dx + \int f(x)g'(x)\,dx$$

となるが，左辺は $f(x)g(x)$ に等しいから次の公式が得られる.

部分積分法 4.29

$$\int f'(x)g(x)\,dx = f(x)g(x) - \int f(x)g'(x)\,dx\,. \tag{4.9}$$

注意 4.30　移項の仕方を変えれば

$$\int f(x)g'(x)\,dx = f(x)g(x) - \int f'(x)g(x)\,dx \tag{4.10}$$

という公式も得られるが，同じことなので普通は一方しか書かないことが多い．しかし，本書では積極的に利用していこう.

注意 4.31　(4.9) や (4.10) の左辺は,「与えられた積分がこの形になっていたら右辺に進める」という意味である.

$$\int x\sin x\,dx = \int (x)'\sin x\,dx = \int \sin x\,dx = -\cos x + C$$

という類の誤りが多いので注意されたい．最初の等号が成り立つはずがないから明らかにおかしな結果になっている．正しくは (4.10) を使って

$$\int x\sin x\,dx = \int x(-\cos x)'\,dx$$

としなければならない．$f(x) = x$, $g'(x) = \sin x$ であるから，$g(x) = -\cos x$ となるのである．<u>この形に表せて初めて (4.10) の左辺に立てる</u>ことになる．先を続けると，次のように正しい結果が得られる.

$$= -x\cos x + \int (x)'\cos x\,dx = -x\cos x + \int \cos x\,dx = -x\cos x + \sin x + C\,.$$

例題 4.32 $\displaystyle\int \log x\,dx$ を求めよ．→表 4.11，問 4.20.

解答 これは被積分関数がふたつの関数の積になっていないが，部分積分が劇的に働く例である．

$$\int \log x\,dx = \int 1 \cdot \log x\,dx = \int (x)' \log x\,dx$$

と考えて（4.9）を適用すれば，

$$= x \log x\,dx - \int x(\log x)'\,dx = x\log x - \int dx = x \log x - x + C\,. \quad ■$$

問 4.33 次の関数の原始関数を求めよ．

(1) xe^x (2) $x \log x$

4.6 有理関数の原始関数

有理関数とは，多項式の分数式 $f(x) = P(x)/Q(x)$ の形の関数のことである．その原始関数を求めるには，**部分分数分解**することが基本である．それは，分母 $Q(x)$ を因数分解して，各因子を分母とする分数式の和で $f(x)$ を表すことである．本書では複雑なものは扱わない．

例 4.34

$$\frac{1}{x^2-1} = \frac{1}{2}\left(\frac{1}{x-1} - \frac{1}{x+1}\right).$$

これを得るには

$$\frac{1}{x^2-1} = \frac{1}{2} \cdot \frac{(x+1)-(x-1)}{(x+1)(x-1)}$$

と考えるのが一番早いが，

$$\frac{1}{x^2-1} = \frac{a}{x-1} + \frac{b}{x+1}$$

と置いて，これが恒等式として成立するように定数 a, b の値を決めるという方法もあり，この方が一般的である．

例 4.35

$$\frac{1}{x^3-1}=\frac{1}{(x-1)(x^2+x+1)}=\frac{1}{3}\left(\frac{1}{x-1}-\frac{x+2}{x^2+x+1}\right).$$

これは，恒等式

$$\frac{1}{x^3-1}=\frac{a}{x-1}+\frac{bx+c}{x^2+x+1}$$

が成り立つように定数 a, b, c を決めてもよいが，多項式の割り算を利用する方法もある．すなわち，x^2+x+1 を $x-1$ で整除すると

$$x^2+x+1=(x-1)(x+2)+3$$

となるが，この両辺を $(x-1)(x^2+x+1)$ で割れば

$$\frac{1}{x-1}=\frac{x+2}{x^2+x+1}+\frac{3}{x^3-1}$$

が得られる．例 4.34 をこの方法で求めることもできる．

例 4.36　$P(x)$ を高々 n 次の多項式とすると，

$$\frac{P(x)}{(x-a)^n}=a_n+\frac{a_{n-1}}{x-a}+\frac{a_{n-2}}{(x-a)^2}+\cdots+\frac{a_0}{(x-a)^n} \tag{4.11}$$

となる定数 $a_0, a_1, \cdots, a_n$ が存在する．

これは分母が既に因数分解されているので少し戸惑うかもしれない．$P(x)$ を $x-a$ で整除すると，$P(x)=P_1(x)(x-a)+a_0$ のように表せる．

$$\frac{P(x)}{(x-a)^n}=\frac{P_1(x)(x-a)+a_0}{(x-a)^n}=\frac{P_1(x)}{(x-a)^{n-1}}+\frac{a_0}{(x-a)^n}.$$

次に $P_1(x)$ を $x-a$ で整除して $P_1(x)=P_2(x)(x-a)+a_1$ と表せば，

$$\frac{P_1(x)}{(x-a)^{n-1}}=\frac{P_2(x)(x-a)+a_1}{(x-a)^{n-1}}=\frac{P_2(x)}{(x-a)^{n-2}}+\frac{a_1}{(x-a)^{n-1}}$$

が得られ，あとは同じ操作を繰り返せばよい．

実はこんな地道な割り算を繰り返さなくても，(4.11) のような分解が可能なことは見えてしまう．簡単な微分の練習問題にもなるのでやっておこう．

命題 4.37　高々 n 次の多項式 $P(x)$ は，任意の実数 a に対して，

$$P(x) = P(a) + \frac{P'(a)}{1!}(x-a) + \frac{P''(a)}{2!}(x-a)^2 + \cdots + \frac{P^{(n)}(a)}{n!}(x-a)^n$$

の形に表せる[*9]．

証明　とにかく，

$$P(x) = a_0 + a_1(x-a) + a_2(x-a)^2 + \cdots + a_n(x-a)^n \tag{4.12}$$

と表すことはできる (a_n から順番に決められる)．(4.12) を次々に微分してみると，

$$\begin{aligned}
P'(x) &= a_1 + 2a_2(x-a) + 3a_3(x-a)^2 + \cdots + na_n(x-a)^{n-1}, \\
P''(x) &= 2\cdot 1a_2 + 3\cdot 2a_3(x-a) + \cdots + n(n-1)a_n(x-a)^{n-2}, \\
P'''(x) &= 3\cdot 2\cdot 1a_3 + 4\cdot 3\cdot 2a_4(x-a) + \cdots + n(n-1)(n-2)(x-a)^{n-3}, \\
&\cdots\cdots\cdots\cdots\cdots\cdots\cdots,
\end{aligned}$$

となる．(4.12) を含めて，これらの式に $x=a$ を代入すれば，

$$a_0 = P(a),\ a_1 = P'(a),\ a_2 = P''(a)/2!,\ a_3 = P'''(a)/3!, \cdots$$

となっていることがわかる．■

以上の例に代表される手法を組み合わせることによって，どんな有理関数も一意的に部分分数分解できることがわかる．そして，この結果を利用して有理関数の原始関数を求めることができる．

例題 4.38　$\dfrac{1}{x^2-1}$ の原始関数を求めよ．

解答　例 4.34 より，

$$\begin{aligned}
\int \frac{1}{x^2-1}dx &= \frac{1}{2}\int\left(\frac{1}{x-1} - \frac{1}{x+1}\right)dx \\
&= \frac{1}{2}(\log|x-1| - \log|x+1|) + C
\end{aligned}$$

[*9] これは，本章 4.9 節で学ぶテイラー展開のいわば原型である．

$$= \frac{1}{2}\log\left|\frac{x-1}{x+1}\right| + C$$

のように求められる. ∎

例題 4.39 $\dfrac{x-7}{x^3-3x+2}$ の原始関数を求めよ.

解答 次の形に部分分数分解できることがわかる.

$$\frac{x-7}{x^3-3x+2} = -\frac{1}{x+2} + \frac{1}{x-1} - \frac{2}{(x-1)^2}.$$

従って,

$$\begin{aligned}\int \frac{x-7}{x^3-3x+2}dx &= -\log|x+2| + \log|x-1| + \frac{2}{x-1} + C \\ &= \log\left|\frac{x-1}{x+2}\right| + \frac{2}{x-1} + C\end{aligned}$$

が得られた. ∎

問 4.40 a を 0 でない定数とするとき, $\dfrac{1}{x(a-x)}$ の原始関数を求めよ.

分母が 2 次式になる有理関数の原始関数は一般に少し面倒な計算になるが, ライプニッツによって既に, 有理関数の原始関数は有理関数, 対数関数および $\arctan x$ を用いて書き表せることが指摘されている.

4.7 定積分の計算

微分積分学の基本定理 4.11 で学んでいるように, 本書で扱う定積分の計算は, 原始関数さえ求まってしまえば, あとは単なる代入計算に過ぎない.

例 4.41

$$\int_1^4 \left(\sqrt{x} + \frac{1}{\sqrt{x}}\right)^2 dx = \int_1^4 \left(x + 2 + \frac{1}{x}\right) dx$$
$$= \left[\frac{x^2}{2} + 2x + \log x\right]_1^4$$
$$= \frac{27}{2} + 2\log 2\,.$$

例 4.42

$$\int_0^{\pi/4} \tan^2 x\,dx = \int_0^{\pi/4} \left(\frac{1}{\cos^2 x} - 1\right) dx$$
$$= \left[\tan x - x\right]_0^{\pi/4}$$
$$= 1 - \frac{\pi}{4}.$$

問 4.43　次の定積分を求めよ.

(1) $\displaystyle\int_{-2}^{-1} \frac{x-4}{x^3} dx$　(2) $\displaystyle\int_{\log 2}^{\log 4} e^{2x}\,dx$　(3) $\displaystyle\int_{\pi/4}^{5\pi/4} (\sin x - 2\cos x)\,dx$

既に一部は説明中に使っているが，定積分には次のような規約・性質がある.

定積分の規約・性質 4.44　a, b, c, α, β は定数である.

(1) $\displaystyle\int_a^a f(x)\,dx = 0.$

(2) $\displaystyle\int_a^b f(x)\,dx = -\int_b^a f(x)\,dx.$

(3) $\displaystyle\int_a^b \{\alpha f(x) + \beta g(x)\}\,dx = \alpha\int_a^b f(x)\,dx + \beta\int_a^b g(x)dx.$

(4) $\displaystyle\int_a^c f(x)\,dx = \int_a^b f(x)\,dx + \int_b^c f(x)\,dx.$　$(a < b < c)$*10

*10 実は，a, b, c の大小関係に無関係に（4）は成り立つ．あまり使う機会はないと思うが.

4.7.1 置換積分法

置換積分法 4.45

関数 $f(x)$ に 変数変換 $x = g(t)$ を施すとき，$a = g(\alpha), b = g(\beta)$ のように x と t が対応している $^{(\dagger)}$ なら，

$$\int_a^b f(x)\,dx = \int_\alpha^\beta f(g(t))\,g'(t)\,dt\,.$$

証明　$f(x)$ の原始関数を $F(x)$ とすると，(4.8) より

$$\begin{aligned}\int_\alpha^\beta f(g(t))\,g'(t)\,dt &= \Big[F(g(t))\Big]_\alpha^\beta = F(g(\beta)) - F(g(\alpha)) \\ &= F(b) - F(a) = \int_a^b f(x)\,dx\end{aligned}$$

となって証明が終わる．■

注意 4.46　(†) の対応は

x	a	$\to$	b
t	α	$\to$	β

のような表にするとわかりやすい．

例題 4.47　次の定積分を求めよ．

(1) $\displaystyle\int_1^2 (2x-3)^4\,dx$　　(2) $\displaystyle\int_1^e \frac{\log x}{x}\,dx$　　(3) $\displaystyle\int_0^2 \sqrt{4-x^2}\,dx$

解答　(1) $2x - 3 = t$ と置くと $2\,dx = dt$ であり，積分範囲の対応は

x	$1 \to 2$
t	$-1 \to 1$

となる．従って，

$$\int_1^2 (2x-3)^4\,dx = \frac{1}{2}\int_{-1}^1 t^4\,dt = \frac{1}{2}\left[\frac{1}{5}t^5\right]_{-1}^1 = \frac{1}{5}.$$

(2) $\log x = t$ と置くと，$\dfrac{1}{x}dx = dt$ であり，積分範囲の対応は

x	$1 \to e$
t	$0 \to 1$

となる．従って，

$$\int_1^e \frac{\log x}{x}dx = \int_0^1 t\,dt = \left[\frac{1}{2}t^2\right]_0^1 = \frac{1}{2}.$$

(3) $x = 2\sin t$ $(-\pi/2 \leqq t \leqq \pi/2)$ と置くと，$dx = 2\cos t\,dt$ であり，積分範囲の対応は，

x	$0 \to\ 2$
t	$0 \to \pi/2$

となる．続きは例題 4.25 を参照して，次のように得られる．

$$\int_0^2 \sqrt{4-x^2}\,dx = \int_0^{\pi/2} \sqrt{4\cos^2 t}\cdot 2\cos t\,dt = 4\int_0^{\pi/2} \cos^2 t\,dt$$
$$= 2\int_0^{\pi/2}(1+\cos 2t)\,dt = 2\left[t + \frac{1}{2}\sin 2t\right]_0^{\pi/2} = \pi\,.$$

ところで，$y = \sqrt{4-x^2}$ は原点中心，半径 2 の上半円を表していることに気づけば，この定積分は下図の網掛け部の面積を表していることがわかる．

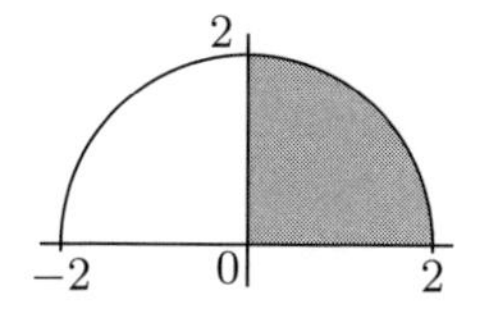

この面積が π であることは暗算でも求まるだろう．　■

問 4.48　次の定積分を求めよ．

(1) $\displaystyle\int_0^{\pi/2} \sin^4 x \cos x\,dx$　　(2) $\displaystyle\int_e^{e^2} \frac{dx}{x\log x}$

4.7.2　部分積分法

(4.9) を導いた式の両辺の不定積分を全て定積分に変更すれば直ちに次の公式が得られる.

部分積分法 4.49

$$\int_a^b f'(x)g(x)\,dx = \Big[f(x)g(x)\Big]_a^b - \int_a^b f(x)g'(x)\,dx\,. \tag{4.13}$$

(4.10) に対応する方も念のため書いておこう.

$$\int_a^b f(x)g'(x)\,dx = \Big[f(x)g(x)\Big]_a^b - \int_a^b f'(x)g(x)\,dx\,. \tag{4.14}$$

例題 4.50　次の定積分を求めよ.

(1) $\displaystyle\int_0^1 xe^x\,dx$　　(2) $\displaystyle\int_1^2 \log x\,dx$

解答　(1) (4.14) を使う.

$$\int_0^1 xe^x\,dx = \int_0^1 x(e^x)'\,dx = \Big[xe^x\Big]_0^1 - \int_0^1 (x)'e^x\,dx$$
$$= e - \int_0^1 e^x\,dx = e - \Big[e^x\Big]_0^1 = e-(e-1) = 1\,.$$

(2) (4.13) を使う.

$$\int_1^2 \log x\,dx = \int_1^2 (x)'\log x\,dx = \Big[x\log x\Big]_1^2 - \int_1^2 x\,(\log x)'\,dx$$
$$= 2\log 2 - \int_1^2 dx = 2\log 2 - \Big[x\Big]_1^2 = 2\log 2 - 1\,.$$

∎

問 4.51　次の定積分を求めよ.

(1) $\displaystyle\int_0^{\pi/2} x\cos 2x\,dx$　　(2) $\displaystyle\int_1^{e^2} \sqrt{x}\,\log x\,dx$

4.8　無限積分

今までに扱った定積分は，積分区間が全て有限閉区間 $[a, b]$ であった．この節では，無限区間 $[a, \infty)$, $(-\infty, b]$ あるいは数直線全体 $(-\infty, +\infty)$ での関数 $f(x)$ の積分を考える．これを**無限積分**と呼ぶ．今までの積分と著しく違う点は，無限積分では積分値が有限にならないことがあるために，収束・発散という概念が加わることである．

定義 4.52　無限区間 $[a, \infty)$ で定義された関数 $f(x)$ に対し，極限値

$$\lim_{M\to\infty}\int_a^M f(x)\,dx \tag{4.15}$$

が存在するとき，f は $[a, \infty)$ で**無限積分可能**であるといい，この極限値を

$$\int_a^\infty f(x)\,dx \tag{4.16}$$

と書く．また，この無限積分は**収束する**という．収束しないときは**発散する**という．

無限積分が収束するかどうかを（具体的に計算せずに）判定する条件がある．次の例題でその理論的基礎を提供する基本的な無限積分を考察することによって，定義 4.52 についての理解を深めよう．

例題 4.53　$\alpha > 0$ に対して，無限積分

$$\int_1^\infty \frac{1}{x^\alpha}\,dx$$

の収束・発散を調べ，収束する場合はその値を求めよ．

解答　$y = 1/x^\alpha$ のグラフは $x \geqq 1$ において単調減少であり，それを描いたのが次ページ図 4.12 である．グラフの右端は閉じていない．次に図 4.13 のように十分大きな正数 M をとり，有限区間 $1 \leqq x \leqq M$ での普通の定積分を考える．積分を実行するに当たって，$\alpha = 1$ の場合だけ扱いが別になることに注意．

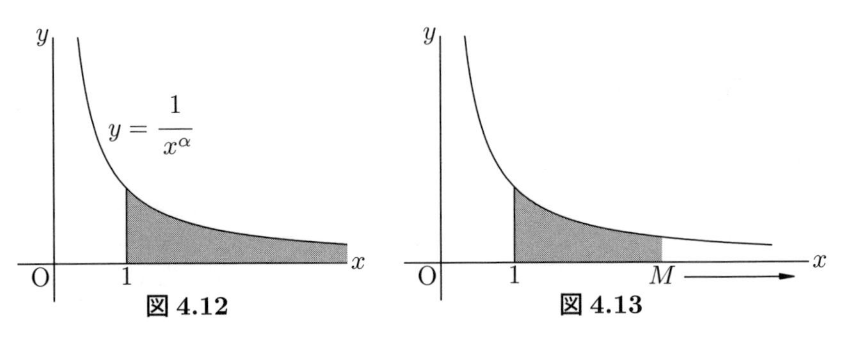

図 4.12　　図 4.13

$\alpha = 1$ のとき，

$$\lim_{M\to\infty}\int_1^M \frac{1}{x}\,dx = \lim_{M\to\infty}\Big[\log x\Big]_1^M = \lim_{M\to\infty}\log M = \infty$$

となって，積分は正の無限大に発散する．

$\alpha \neq 1$ のときは，

$$\lim_{M\to\infty}\int_1^M \frac{1}{x^\alpha}\,dx = \lim_{M\to\infty}\left[\frac{x^{1-\alpha}}{1-\alpha}\right]_1^M = \lim_{M\to\infty}\frac{M^{1-\alpha}-1}{1-\alpha}$$

であるが，これは $0<\alpha<1$ か $\alpha>1$ かで結果が変わり，

$$= \begin{cases} \infty & (0<\alpha<1), \\ \dfrac{1}{\alpha-1} & (\alpha>1) \end{cases}$$

となる．従って，

$$\int_1^\infty \frac{1}{x^\alpha}\,dx = \begin{cases} \text{発散} & (0<\alpha\leqq 1), \\ \dfrac{1}{\alpha-1} & (\alpha>1) \end{cases}$$

という結果が得られた． ∎

問 4.54　次の無限積分の収束・発散を調べ，収束する場合はその値を求めよ．

(1) $\displaystyle\int_0^\infty e^{-x}\,dx$　　(2) $\displaystyle\int_2^\infty \frac{x}{\sqrt{x^2-1}}\,dx$

定義 4.55　無限区間 $(-\infty, +\infty)$ で定義された関数 $f(x)$ に対し，極限値

$$\lim_{\substack{M\to+\infty \\ m\to-\infty}} \int_m^M f(x)\,dx \tag{4.17}$$

が存在するとき，この極限値を

$$\int_{-\infty}^{+\infty} f(x)\,dx$$

と書く．ただし，(4.17) の M, m は互いに無関係に取らなければならない．

例 4.56　統計学を学ぶと，標準正規分布という，分布曲線が左右対称の釣鐘型の分布に出会う．その曲線の $(-\infty, +\infty)$ 上の無限積分に関して，

$$\int_{-\infty}^{+\infty} \frac{1}{\sqrt{2\pi}} e^{-x^2/2}\,dx = 1$$

が成り立つ[*11]．残念ながら，$e^{-x^2/2}$ の原始関数は通常の意味では求まらないので，この積分を微分積分学の基本定理 4.11 で計算することはできない．積分がただの退屈な計算だと思っていた読者には，積分の奥深さを知る格好の例なのではなかろうか[*12]．

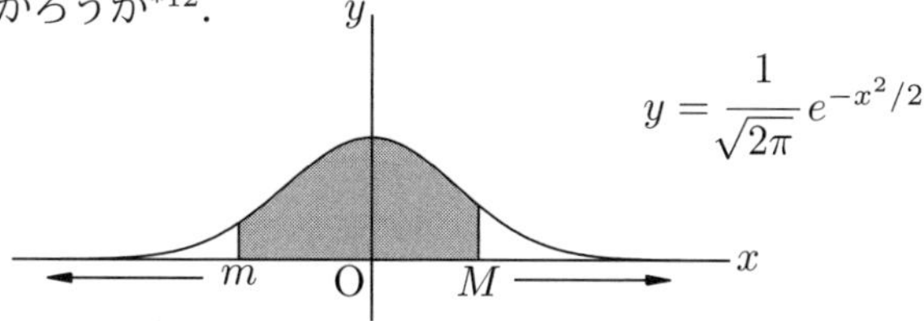

問 4.57　次の無限積分が収束するかどうかを判定し，収束するならその値を求めよ．$x = \tan t$ $(-\pi/2 < t < \pi/2)$ と置換する．

$$\int_{-\infty}^{+\infty} \frac{1}{1+x^2}\,dx\,.$$

[*11] この積分値を 1 変数微分積分学の守備範囲で求めるには相当な工夫が必要となる．ただ，この無限積分が収束することだけなら次のようにして示すことができる．例 4.6.1 より $\lim_{x\to\pm\infty} x^2 e^{-x^2/2} = 0$ がわかるので，$|\,x\,| \geq L$ で $e^{-x^2/2} \leq K/x^2$ となるような正の定数 K, L が存在するが，例題 4.53 によって $\int_{|x|\geq L} K/x^2\,dx$ は収束する．

[*12] 原始関数が具体的に書けない（知られた初等関数をどんなに組み合わせても表せない）ような関数の方が実は多い．

4.9 テイラーの定理とテイラー展開

テイラーの定理 4.58

ある区間で n 回連続微分可能な関数 $f(x)$ と区間内の a, x に対して，

$$f(x) = f(a) + \frac{f'(a)}{1!}(x-a) + \frac{f''(a)}{2!}(x-a)^2 + \cdots + \frac{f^{(n-1)}(a)}{(n-1)!}(x-a)^{n-1} + \int_a^x \frac{f^{(n)}(t)}{(n-1)!}(x-t)^{n-1}\,dt \tag{4.18}$$

が成り立つ．最後の項を

$$R_n(x) = \int_a^x \frac{f^{(n)}(t)}{(n-1)!}(x-t)^{n-1}\,dt \tag{4.19}$$

と書いて，**剰余項**と呼ぶ．$R_n(x)$ は x の関数である．

証明　部分積分法の応用として，テイラー[*13]の定理を証明しよう．この定理の意味や発想の源泉については証明が済んでから述べる．微分積分学の基本定理 4.11 より，

$$f(x) - f(a) = \int_a^x f'(t)\,dt \tag{4.20}$$

が成り立つ．この式の右辺を以下のように部分積分する．積分変数は x ではなく t であることに注意してほしい．

$$\begin{aligned}\int_a^x f'(t)\,dt &= \int_a^x f'(t)\{-(x-t)\}'\,dt \\ &= \Big[-f'(t)(x-t)\Big]_a^x + \int_a^x f''(t)(x-t)\,dt \\ &= f'(a)(x-a) + \int_a^x f''(t)(x-t)\,dt\,.\end{aligned}$$

これを (4.20) に代入して

$$f(x) - f(a) = f'(a)(x-a) + \int_a^x f''(t)(x-t)\,dt \tag{4.21}$$

[*13] Brook Taylor (1685-1731)．ニュートンより少し後のイギリスの数学者．

が得られる．(4.21) の右辺の不定積分を再び同じ要領で部分積分すると，

$$\begin{aligned}\int_a^x f''(t)(x-t)\,dt &= \frac{1}{2}\int_a^x f''(t)\{-(x-t)^2\}'\,dt \\ &= \frac{1}{2}\Big[-f''(t)(x-t)^2\Big]_a^x + \int_a^x \frac{f'''(t)}{2}(x-t)^2\,dt \\ &= \frac{1}{2!}(x-a)^2 f''(a) + \int_a^x \frac{f'''(t)}{2!}(x-t)^2\,dt\end{aligned}$$

となり，これを (4.21) に代入して

$$f(x)-f(a) = \frac{f'(a)}{1!}(x-a) + \frac{f''(a)}{2!}(x-a)^2 + \int_a^x \frac{f'''(t)}{2!}(x-t)^2\,dt$$

を得る．これを繰り返せばテイラーの定理が導かれる． ■

テイラーの定理の意味 4.59

(4.18) は**テイラー公式**とも呼ばれるが，整理して書けば，

$$f(x) = \sum_{k=0}^{n-1} a_k(x-a)^k + R_n(x), \quad a_k = \frac{f^{(k)}(a)}{k!} \tag{4.22}$$

となる*14．この $\sum$ 記号の部分は高々 $n-1$ 次の多項式であるから，(4.22) は $f(x)$ を高々 $n-1$ 次の多項式と剰余項との和で表していることになる．

もう一度第 3 章 3.2 節までを振り返って，微分法が生まれた動機とその意義とを思い出してみよう．微分法とは，曲線をその接線で近似する理論であった．接線とは 1 次関数のことである．すると，テイラー公式は $f(x)$ を より高次の多項式を用いて高い精度で近似しよう という試みだと解釈することができる．近似式として使われる多項式の係数 a_k が (4.22) のように整然と与えられることは，命題 4.37 と同じである．

いま，ある区間の全ての x で

$$\lim_{n\to\infty} R_n(x) = 0$$

が成り立ったとすれば，その区間では次数を上げれば近似多項式は $f(x)$ にいくらでも近づくことになる．そこで次の定義を置く．

*14 $f^{(0)}(x) = f(x)$, $0! = 1$ である．

テイラー展開 4.60

(4.18) において，ある区間の全ての x で剰余項 $R_n(x) \to 0\ (n \to \infty)$ となるとき，その区間で

$$f(x) = f(a) + \frac{f'(a)}{1!}(x-a) + \frac{f''(a)}{2!}(x-a)^2 + \cdots + \frac{f^{(n)}(a)}{n!}(x-a)^n + \cdots = \sum_{n=0}^{\infty} \frac{f^{(n)}(a)}{n!}(x-a)^n \tag{4.23}$$

と書いて，$f(x)$ は $x=a$ の周りで**テイラー展開可能**であるという．また，(4.23) の右辺を $x=a$ における**テイラー展開**と呼ぶ．特に，$a=0$ の場合の展開

$$f(x) = \sum_{n=0}^{\infty} \frac{f^{(n)}(0)}{n!} x^n \tag{4.24}$$

を**マクローリン展開**と呼ぶことがある．→付録 B.

例 4.61　テイラーの定理の応用として，指数関数の増大速度について極めて有用な結果が得られる．原点を含むような開区間で関数 $f(x)=e^x$ を考えると，(4.18) で $a=0$ として

$$e^x = 1 + \frac{x}{1!} + \frac{x^2}{2!} + \cdots + \frac{x^{n-1}}{(n-1)!} + \int_0^x \frac{e^t}{(n-1)!}(x-t)^{n-1}\,dt$$

が得られる．k を任意の自然数として $n=k+2$ にとれば，上式より

$$e^x > \frac{x^{k+1}}{(k+1)!} \quad (x>0)$$

となる．従って $x \to \infty$ のとき

$$\frac{x^k}{e^x} < \frac{(k+1)!}{x} \to 0\,.$$

すなわち，任意の自然数 k に対して

$$\lim_{x\to\infty} \frac{x^k}{e^x} = 0 \tag{4.25}$$

が示された．これは，$x \to \infty$ のとき，どんなに大きな自然数 k をとっても e^x は x^k より圧倒的に速く発散することを意味している[*15]．

例 4.62（e^x のテイラー展開） $K > 0$ に対して開区間 $I = (-K, K)$ で $f(x) = e^x$ を考えると，I で $e^x < e^K$ である．このとき，任意の自然数 n に対して $f^{(n)}(x) = e^x$ であることに注意して，

$$\begin{aligned} |R_n(x)| &= \frac{1}{(n-1)!}\left|\int_0^x f^{(n)}(t)\,(x-t)^{n-1}\,dt\right| \\ &\leqq \frac{1}{(n-1)!}\left|\int_0^x \left|f^{(n)}(t)\,(x-t)^{n-1}\right|\,dt\right| \\ &< \frac{e^K}{(n-1)!}\left|\int_0^x |(x-t)^{n-1}|\,dt\right| \\ &= \frac{e^K}{n!}|x|^n \\ &< \frac{e^K}{n!}K^n \to 0 \quad (n \to \infty) \end{aligned}$$

となる[*16]．K は任意だから，$x = 0$ の周りの $f(x) = e^x$ のテイラー展開

$$e^x = 1 + \frac{x}{1!} + \frac{x^2}{2!} + \cdots + \frac{x^n}{n!} + \cdots \tag{4.26}$$

は実数全体で成り立つ．第 3 章で e を導入した際に紹介した（3.10）は（4.26）において $x = 1$ を代入して得られる．

---

*15 たとえば x^{100} と e^x とを比べて，x^{100} の方がずっと大きいではないかと思うかもしれないが，それは x が比較的小さいときの様子しか想像していないからであって，x がある程度大きくなれば e^x は簡単に x^{100} を追い越してしまう．この結果は例 4.56 の脚注でも既に使っていた．

*16 最後の極限は次のようにして示す．$N > 2K$ を満たす自然数 N をひとつ取って固定する．$n \geqq N$ なる任意の n に対して，

$$\frac{K^n}{n!} = \frac{K}{n}\cdots\frac{K}{N}\cdots\frac{K}{1} < \left(\frac{1}{2}\right)^{n-N}\cdot\frac{K^N}{N!} \to 0 \ (n \to \infty).$$

例 4.63（$\sin x$, $\cos x$ のテイラー展開） $f(x) = \sin x$ については，全ての n に対して $|f^{(n)}(x)| \leqq 1$ である．従って，例 4.62 と全く同様にして，$x = 0$ の周りのテイラー公式において $|R_n(x)| \to 0$ $(n \to \infty)$ が任意の実数 x に対して成り立つことが示せるので，$x = 0$ における $f(x) = \sin x$ のテイラー展開

$$\sin x = \frac{x}{1!} - \frac{x^3}{3!} + \frac{x^5}{5!} - \cdots + (-1)^n \frac{x^{2n+1}}{(2n+1)!} + \cdots \tag{4.27}$$

は実数全体で成立する．$f(x) = \cos x$ に対しても全く同様に

$$\cos x = 1 - \frac{x^2}{2!} + \frac{x^4}{4!} - \cdots + (-1)^n \frac{x^{2n}}{(2n)!} + \cdots \tag{4.28}$$

が実数全体で成立する．下図 4.14 は，$y = \sin x$ のグラフ（太線）と，そのテイラー展開 (4.27) を 3 次，5 次，7 次までで打ち切った多項式のグラフ（細線）とを同時に描いたものである．

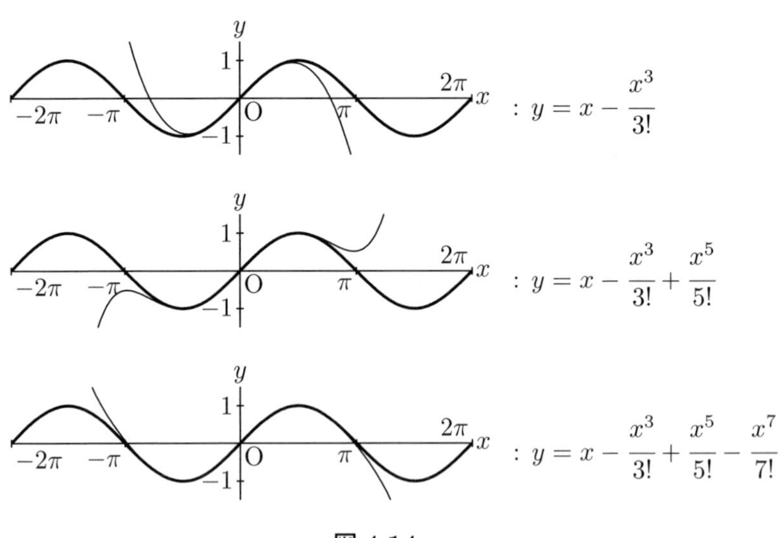

図 4.14

例 4.64（$\log(1+x)$ のテイラー展開）　$f(x) = \log(1+x)$ について，

$$f'(x) = (1+x)^{-1},\ f''(x) = -(1+x)^{-2},\ f'''(x) = 2(1+x)^{-3}$$

のような試算結果から，一般に $n \geqq 1$ に対して n 次導関数が

$$f^{(n)}(x) = (-1)^{n-1}(n-1)!\,(1+x)^{-n} \tag{4.29}$$

であるとわかる．証明は省略するが，

$$-1 < x \leqq 1 \quad \text{では} \quad R_n(x) \to 0 \ (n \to \infty)$$

となることがわかる[*17]．よって，$x = 0$ の周りのテイラー展開は

$$\begin{aligned} \log(1+x) &= \sum_{n=0}^{\infty} \frac{f^{(n)}(0)}{n!} x^n = \sum_{n=1}^{\infty} \frac{(-1)^{n-1}}{n} x^n \\ &= x - \frac{x^2}{2} + \frac{x^3}{3} - \cdots + \frac{(-1)^{n-1}}{n} x^n + \cdots \end{aligned} \tag{4.30}$$

となり，これは $-1 < x \leqq 1$ でのみ成り立つ[*18]．

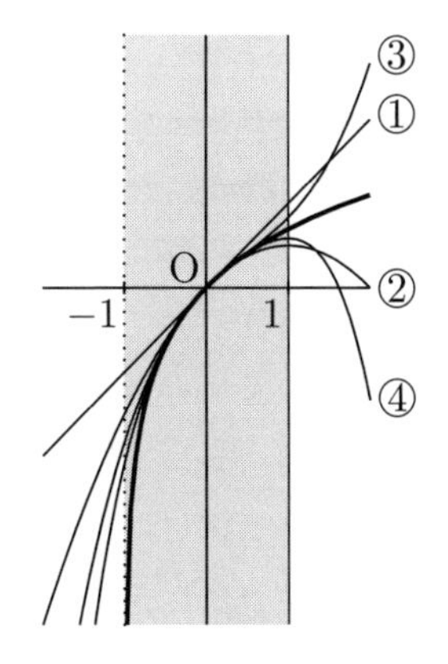

図 4.15

太線が $y = \log(1+x)$ のグラフであり，そのテイラー展開（4.30）を 1 次〜4 次までで打ち切ったものが①〜④である．テイラー近似は $-1 < x \leqq 1$ の範囲でしか有効でないことがわかる．

---

*17 本書では剰余項 $R_n(x)$ を積分表示したが，平均値の定理の拡張としての微分表示も何種類か知られている．→ 4.10 節．

*18 ベキ級数としての（4.30）の収束半径が 1 であることが付録 B.3 よりわかる．

主要な関数のテイラー展開（まとめ）4.65

以下は $x=0$ の周りのテイラー展開（マクローリン展開）である．（ ）に x の範囲が添えられているものはその範囲でのみ成立することを，それ以外は実数全体で成立することを意味する．(4.35) における α は任意の実数である．

$$e^x = 1 + \frac{x}{1!} + \frac{x^2}{2!} + \cdots + \frac{x^n}{n!} + \cdots \tag{4.31}$$

$$\sin x = \frac{x}{1!} - \frac{x^3}{3!} + \frac{x^5}{5!} - \cdots + (-1)^n \frac{x^{2n+1}}{(2n+1)!} + \cdots \tag{4.32}$$

$$\cos x = 1 - \frac{x^2}{2!} + \frac{x^4}{4!} - \cdots + (-1)^n \frac{x^{2n}}{(2n)!} + \cdots \tag{4.33}$$

$$\log(1+x) = x - \frac{x^2}{2} + \frac{x^3}{3} - \cdots + \frac{(-1)^{n-1}}{n} x^n + \cdots \qquad (-1 < x \leqq 1) \tag{4.34}$$

$$(1+x)^\alpha = 1 + \alpha x + \frac{\alpha(\alpha-1)}{2!} x^2 + \cdots + \frac{\alpha(\alpha-1)\cdots(\alpha-n+1)}{n!} x^n + \cdots \qquad (|x| < 1) \tag{4.35}$$

注意 4.66 (4.23) や (4.24) の右辺を**テイラー級数**と呼ぶ．たとえば (4.24) では，$x=0$ における微分係数 $f'(0), f''(0), f'''(0), \cdots$ さえわかればテイラー級数が確定する．$e^x, \sin x, \cos x$ の $x=0$ の周りのテイラー展開は実数全体で成立するので，これらの関数は原点のごく近くでの挙動だけで，関数の実数全体に渡る様子が決まってしまうという性質をもっている．

注意 4.67 テイラー展開可能性は，剰余項 $R_n(x) \to 0$ $(n \to \infty)$ を確かめなければわからないが，$f(x)$ が原点で無限回微分可能でありさえすればテイラー級数を構成することはできる．しかし，剰余項の評価をすることなしに機械的に構成したテイラー級数にはふたつの問題が生じる．(i) テイラー級数が収束するか (ii) 収束した場合，その極限関数が $f(x)$ を表すか，という問題である．実際，これが成立しない関数の例が既にコーシー

(1789–1857) によって指摘されている.

問 4.68　(4.35) のテイラー展開を確認せよ. $R_n(x)$ の評価は不要である. これは**一般 2 項展開**とも**ニュートンの 2 項定理**とも呼ばれる.

例 4.69　i を虚数単位として, e^x の $x=0$ におけるテイラー展開 (4.31) の x の代わりに ix を形式的に代入すると, $i^2=-1$ に注意して

$$\begin{aligned} e^{ix} &= 1+\frac{ix}{1!}+\frac{(ix)^2}{2!}+\frac{(ix)^3}{3!}+\cdots+\frac{(ix)^n}{n!}+\cdots \\ &= \left(1-\frac{x^2}{2!}+\frac{x^4}{4!}-\cdots\right)+i\left(x-\frac{x^3}{3!}+\frac{x^5}{5!}-\cdots\right) \\ &= \cos x+i\sin x \end{aligned} \tag{4.36}$$

が得られる[*19]. これを**オイラーの公式**と呼ぶ. これを知っているといろいろな利点がある. たとえば, 覚えるのが大変な三角関数の加法定理は以下のような計算によって簡単に導ける.

$$e^{i(\theta_1+\theta_2)} = \cos(\theta_1+\theta_2)+i\sin(\theta_1+\theta_2)\,.$$

一方,

$$\begin{aligned} e^{i(\theta_1+\theta_2)} &= e^{i\theta_1}\cdot e^{i\theta_2} = (\cos\theta_1+i\sin\theta_1)(\cos\theta_2+i\sin\theta_2) \\ &= (\cos\theta_1\cos\theta_2-\sin\theta_1\sin\theta_2)+i(\sin\theta_1\cos\theta_2+\cos\theta_1\sin\theta_2) \end{aligned}$$

となるから, 両者の右辺を実部・虚部に分けて比べることによって,

$$\begin{aligned} \cos(\theta_1+\theta_2) &= \cos\theta_1\cos\theta_2-\sin\theta_1\sin\theta_2, \\ \sin(\theta_1+\theta_2) &= \sin\theta_1\cos\theta_2+\cos\theta_1\sin\theta_2 \end{aligned}$$

が得られる.

例 4.70　関数 $f(x)=\dfrac{1}{1+x}$ の $x=0$ におけるテイラー展開は, (4.35) の一般 2 項展開によって

$$\frac{1}{1+x} = 1-x+x^2-x^3+\cdots+(-1)^n x^n+\cdots \qquad (|\,x\,|<1) \tag{4.37}$$

[*19] このような形式的な代入に意味があることは複素関数論によってわかる.

となることがわかる．ところで，高等学校で数学 III を学んだ読者は，初項が 1，公比が $-x$ の無限等比級数は $|x|<1$ なら収束して

$$1+(-x)+(-x)^2+(-x)^3+\cdots=\frac{1}{1+x} \tag{4.38}$$

となることを知っているかもしれない[*20]．これは (4.37) と結果的には全く同じであるが，(4.38) もテイラー展開と呼んでいいのだろうか．

$\sum_{n=0}^{\infty} a_n(x-a)^n$ を $x=a$ を中心とする**ベキ級数**というのだが，収束する範囲ではベキ級数は関数 $f(x)$ を定義する．この関数は**解析関数**と呼ばれ，良い性質を沢山もっている．そのひとつが，f を微分するときに級数表示を 項別微分してよい ということである．実行してみれば，$a_n=f^{(n)}(a)/n!$ となるので，このベキ級数は f のテイラー展開に他ならないことがわかる．従って，収束無限級数として得られた (4.38) もテイラー展開である．

例題 4.71　$f(x)=\tan x$ のテイラー展開を x^5 の項まで求めよ．

解答　やってみればわかるが，f の微分は次第に面倒になる．このような場合は，例 4.70 で述べたような方法を使って次のように大胆に計算するのがよい．

$$\begin{aligned}\tan x=\frac{\sin x}{\cos x}&=\frac{\dfrac{x}{1!}-\dfrac{x^3}{3!}+\dfrac{x^5}{5!}-\cdots}{1-\dfrac{x^2}{2!}+\dfrac{x^4}{4!}-\cdots}\\&=\left(x-\frac{x^3}{3!}+\frac{x^5}{5!}-\cdots\right)\\&\quad\times\left\{1+\left(\frac{x^2}{2!}-\frac{x^4}{4!}+\cdots\right)+\left(\frac{x^2}{2!}-\frac{x^4}{4!}+\cdots\right)^2+\cdots\right\}\end{aligned}$$

---

*20 初項が a，公比が r の無限等比級数は，$|r|<1$ なら収束して

$$a+ar+ar^2+ar^3+\cdots+ar^{n-1}+\cdots=\frac{a}{1-r}$$

であった．

$$= x + \frac{1}{3}x^3 + \frac{2}{15}x^5 + \cdots . \qquad \blacksquare$$

例題 4.72 一般 2 項展開（4.35）を

$$\sqrt{2} = \frac{3}{2}\sqrt{1 - \frac{1}{9}}$$

と変形したときの $\sqrt{\ }$ 内に適用して，2 乗の項まで計算することによって $\sqrt{2}$ の近似値を求めよ．

解答 $x = -1/9, \alpha = 1/2$ として（4.35）を使うと，

$$\sqrt{1 - \frac{1}{9}} = 1 + \frac{1}{2}\left(-\frac{1}{9}\right) + \frac{1}{2!}\frac{1}{2}\left(-\frac{1}{2}\right)\left(-\frac{1}{9}\right)^2 + \cdots \fallingdotseq 0.942901$$

となって，

$$\sqrt{2} \fallingdotseq 1.414352$$

が得られる．実用上は十分な精度である．さて，

$$\sqrt{2} = \frac{17}{12}\sqrt{1 - \frac{1}{289}}$$

という表示を使えば，同じように 2 乗の項まで計算しただけで

$$\sqrt{2} \fallingdotseq 1.414213566049$$

が得られる．真の $\sqrt{2}$ の値は $1.414213562373\cdots$ であるから，非常に良い近似値である． $\blacksquare$

問 4.73 さらに

$$\sqrt{2} = \frac{99}{70}\sqrt{1 - \frac{1}{9801}}$$

という表示を使えば驚くべき精密な近似値が得られるであろう．ところで，これらの $\sqrt{2}$ の表示はどうやって見つけたのだろうか．

4.10 積分の平均値の定理とテイラーの定理再論

前節で学んだテイラーの定理 4.58 における剰余項（4.19）は積分表示であった．これを微分表示に変えるのが本節の目的である[*21]．そのための準備として積分の平均値の定理を述べる．この定理のもつ簡明な面白さ自体にも魅力がある．

$f(x)$ を閉区間 $[a, b]$ で連続な関数とすると，f はそこで最大値 M と最小値 m をとる．このとき，f は $[a, b]$ で，m と M の中間にある値を全てとる．言い換えれば，$m < \gamma < M$ を満たすどんな γ に対しても，

$$f(c) = \gamma$$

となるような c が a と b の間に（少なくとも）ひとつはある．この事実については，下図 4.16 を見ればほとんど当たり前に感じられることであろう[*22]．

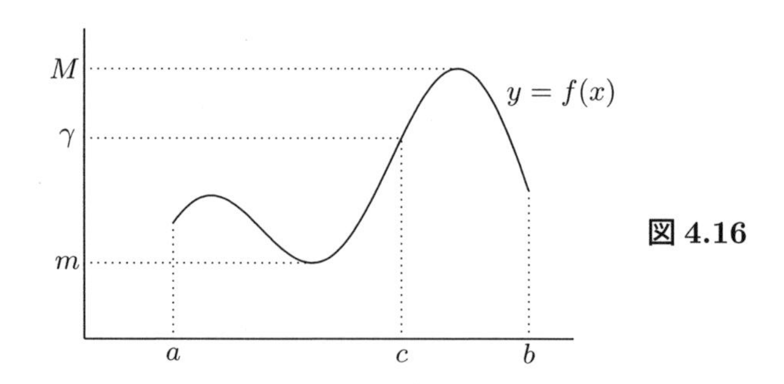

図 4.16

---

*21 テイラーの定理の証明には，コーシーの平均値の定理を用いることが多いため，必然的に剰余項は微分表示になる．しかし，本書ではもとになる微分の平均値の定理を今まで表に出さなかったために，このような経路で叙述することを選択した．

*22 この事実は中間値の定理と呼ばれている．当たり前に思えても，数学的に厳密に証明するのはなかなか難しい．重要なことは，f が連続でなければならない（グラフがつながっている）ことである．もし不連続（グラフが切れていて，そこで跳躍がある）であれば，この定理は成立しない．

積分の平均値の定理 4.74 $f(x)$, $g(x)$ が閉区間 $[a,\ b]$ で連続で，$g(x)$ が定符号ならば，

$$\int_a^b f(x)\,g(x)\,dx = f(c)\int_a^b g(x)\,dx$$

を満たす c が a と b の間に存在する．

証明 $g(x) > 0$ として証明する．$[a,\ b]$ における f の最小値を m，最大値を M とすると，

$$mg(x) \leqq f(x)\,g(x) \leqq Mg(x)$$

であるから，定積分についても

$$m\int_a^b g(x)\,dx < \int_a^b f(x)\,g(x)\,dx < M\int_a^b g(x)\,dx$$

が成り立つ．従って，

$$m < \frac{\int_a^b f(x)\,g(x)\,dx}{\int_a^b g(x)\,dx} < M$$

となり，前ページに述べた事実によって，

$$\frac{\int_a^b f(x)\,g(x)\,dx}{\int_a^b g(x)\,dx} = f(c)$$

を満たす c $(a < c < b)$ が存在する． ∎

この定理をテイラーの定理の剰余項

$$R_n(x) = \int_a^x \frac{f^{(n)}(t)}{(n-1)!}(x-t)^{n-1}\,dt$$

に適用する．$f^{(n)}(t)$ が $[a,\ x]$ または $[x,\ a]$ で連続ならば*23

$$\int_a^x \frac{f^{(n)}(t)}{(n-1)!}(x-t)^{n-1}\,dt = \frac{f^{(n)}(c)}{(n-1)!}\int_a^x (x-t)^{n-1}\,dt$$

*23 実は，前節でテイラーの定理を述べたときに，こういった条件は全て満たされていることを暗黙裡に仮定していた．また，$(x-t)^{n-1}$ は a と x の大小に拘らず，積分区間で定符号である．

を成り立たせる c が a と x の間に存在する．右辺の計算を続けると，

$$= \frac{f^{(n)}(c)}{(n-1)!}\left[-\frac{(x-t)^n}{n}\right]_a^x = \frac{f^{(n)}(c)}{n!}(x-a)^n$$

となる．これが微分表示された剰余項である．まとめよう．

テイラーの定理 4.75（再論）

ある区間で n 回連続微分可能な関数 $f(x)$ と区間内の a, x に対して，

$$\begin{aligned} f(x) = f(a) &+ \frac{f'(a)}{1!}(x-a) + \frac{f''(a)}{2!}(x-a)^2 + \cdots \\ &+ \frac{f^{(n-1)}(a)}{(n-1)!}(x-a)^{n-1} + \frac{f^{(n)}(c)}{n!}(x-a)^n \end{aligned} \tag{4.39}$$

が成り立つような c が a と x の間に存在する．最後の項

$$R_n(x) = \frac{f^{(n)}(c)}{n!}(x-a)^n \tag{4.40}$$

が高次導関数表示された**剰余項**である．

注意 4.76　少し見づらいが，剰余項（4.40）は n 次の多項式ではない．c は x に複雑に依存して決まるからである．そのことは，$0 < \theta < 1$ を満たす θ を用意して

$$c = a + \theta(x-a)$$

と書き表してみればいっそうはっきりする．この θ が x に依存するわけだが，どのように依存するのか一般的には何もわからない．しかも，このような c はひとつとは限らない．よくわからない c という値を含むため，剰余項の評価はあまりやさしくない．

注意 4.77　この定理で $n=1$ と置けば，

$$f(x) - f(a) = f'(c)(x-a)$$

となるような c が x と a の間に存在することになる．これが今まで言及しなかった**微分の平均値の定理**である．

演習問題 4

1 次の各関数の原始関数を求めよ.

(1) $4x^3 - 3x^2 + 4x - 1$　(2) $\dfrac{(\sqrt{x}+1)^2}{x}$　(3) $e^{2x} - 2$

(4) $\dfrac{2}{3\sqrt[3]{x}}$　(5) $\sin\dfrac{x}{3}$　(6) $\cos \pi x$

2 次の各関数の原始関数を求めよ（置換積分）.

(1) $\dfrac{1}{x\log x}$　(2) $(1 - \sin^3 x)\cos x$　(3) $\sin x \cos^2 x$

(4) $\dfrac{x^2}{x^3+2}$　(5) $\dfrac{e^{3x}}{e^{3x}+1}$　(6) $\dfrac{\cos x}{\sqrt{\sin x}}$

(7) $(5x-3)^4$　(8) $\dfrac{\sin x}{\cos^2 x}$　(9) $\dfrac{x}{\sqrt{x+1}}$

3 次の各関数の原始関数を求めよ（部分積分）.

(1) $x^2 \log x$　(2) $(5-4x)\cos x$　(3) $\arctan x$

(4) $(x+1)\log x$　(5) $x \sin \pi x$　(6) $(3x+7)e^{2x}$

(7) $x\cos 2x$　(8) $(\log x)^2$　(9) $x^2 e^{-x}$

4 $\displaystyle\int \frac{\tan x}{\cos^2 x}\,dx$ を次の各方法で求めよ．得られた結果が違うのはなぜか.

(1) $\cos x = t$ と置換積分する.

(2) $\tan x = t$ と置換積分する.

(3) 部分積分する.

5 次の有理関数の原始関数を求めよ（部分分数分解）.

(1) $\dfrac{1}{x^2-2}$　(2) $\dfrac{x}{x^2+5x+6}$　(3) $\dfrac{4}{x^2(x+2)}$

6 次の各関数の原始関数を求めよ（少し面倒なもの）.

(1) $e^{\sqrt{x}}$　　(2) $x\log(x+1)$　　(3) $\sin(\log x)$

7 部分積分を 2 回繰り返すことにより，次の不定積分 I を求めよ.

$$I = \int e^x \sin 2x\, dx$$

8 次の定積分を求めよ.

(1) $\displaystyle\int_1^e x^3 \log x\, dx$　　(2) $\displaystyle\int_0^{\log 2} e^x(e^x+1)^2\, dx$　　(3) $\displaystyle\int_0^1 \arctan x\, dx$

(4) $\displaystyle\int_0^2 (2-x)e^{2x}\, dx$　　(5) $\displaystyle\int_0^{1/2} \sqrt{1-x^2}\, dx$　　(6) $\displaystyle\int_{-\pi/3}^{\pi/3} \frac{\cos x}{1+\sin x} dx$

9 下図は関数 $y = 1/x$ のグラフである.

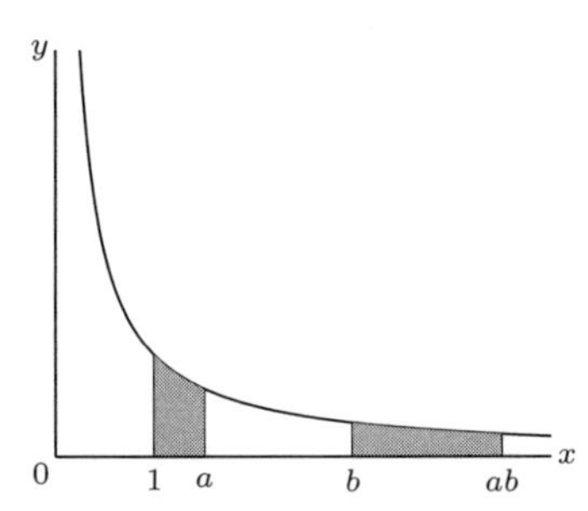

(1) ふたつの灰色部分の面積が等しいことを次の 2 通りの方法で示せ.

① ふたつの定積分を普通に計算して.

② $x = b$ から $x = ab$ までの定積分に置換を施すことによって.

(2) $L(x) := \displaystyle\int_1^x \frac{1}{t} dt$ と定める．任意の $x,\ y > 0$ に対して,

$$L(xy) = L(x) + L(y) \qquad (\natural)$$

が成り立つことを上記②と同様にして示せ．実は $L(x) = \log x$ である．従って，(♮) は対数のもつ重要な性質である $\log xy = \log x + \log y$ の積分の見地からの証明を与えている.

10 定積分

$$\int_0^1 (1-t^2)^2\,dt$$

に置換 $t=\cos x$ を施すことによって，定積分

$$\int_0^{\pi/2} \sin^5 x\,dx$$

を求めよ.

11 $s>0$ のとき，無限積分で定義された s の関数

$$\Gamma(s)=\int_0^{\infty} e^{-x}x^s\,dx$$

を**ガンマ関数**と呼ぶ[*24].

(1) 部分積分して例 4.61 の（4.25）を用いることにより，

$$\Gamma(s)=s\,\Gamma(s-1)$$

が成り立つことを示せ.

(2) $\Gamma(1)$ を求めることによって，特に $s=n$ が自然数のとき

$$\Gamma(n)=n\,!$$

であることを示せ．こうして，ガンマ関数が階乗の一般化であることがわかる.

12 次の関数の $x=0$ におけるテイラー展開を x^4 の項まで計算せよ.

(1) e^{-2x}　(2) $\sin x+\cos x$　(3) $\dfrac{1}{\sqrt{1+x}}$

(4) $\dfrac{1}{3+x}$　(5) $\log(1-x)$　(6) $\sqrt[3]{1+x}$

(7) $e^x\cos x$　(8) $\sin x\cos x$　(9) $\cosh x$

13 例題 4.71 の続きを実行して，$\tan x$ の $x=0$ におけるテイラー展開を x^7 まで計算せよ.

[*24] 本書に合わせて本来の定義を少し変えてある.

第5章

偏微分法

5.1　2変数関数とは

中学2年で初めて関数を学んで以来[*1]，今までに現れた関数はすべて $y = f(x)$ という形のものであった（図5.1）．入力 x のことを独立変数といったが，このような関数は独立変数が1個なので**1変数関数**と呼んでいる．この章では，未知の領域である**2変数関数**について学ぶ（図5.2）．

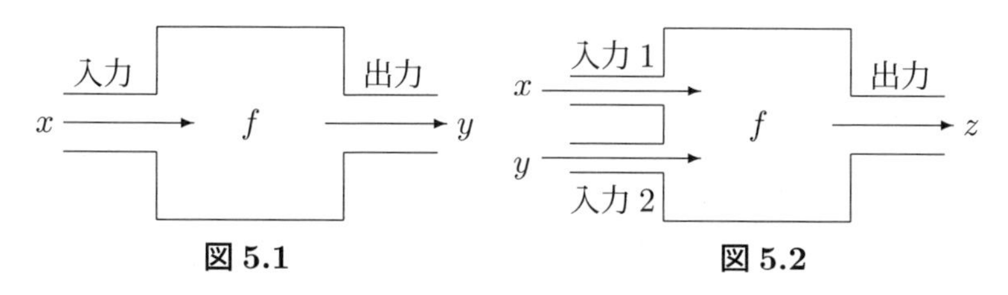

図 5.1　　**図 5.2**

ふたつの原材料 x, y が工場 f で加工されて，製品 z が得られると思えばよい．これを記号で

$$z = f(x, y)$$

のように書き，**z は x, y の関数である**と表現する．$y = f(x_1, x_2)$ という

[*1] 中学で学んだ数学のほとんどは紀元前（ギリシア，メソポタミア）のものであるが，その中で関数だけが飛び抜けて新しい概念である．関数概念がほぼ今日のような形に近づいたのは，19世紀半ば頃のことである．

表記も広く採用されている．この方が変数がさらに増えたときには都合がよい．

1 変数関数 $y = f(x)$ とは，結果 y がたったひとつの要因 x から説明される，ということを意味する．しかし，日常目にすることのほとんどは，複数の要因が起因して結果が引き起こされる．たとえば，天気予報は非常に沢山の入力をもつ多変数関数を扱う（人の手には負えないのでスーパーコンピュータで解析する）．寧ろ多変数関数の方が自然な存在だといえる．

例 5.1　次のようなものが 2 変数関数の具体例である．

$$z = x^2 - xy\,,\ \ z = e^{x+y}\,,\ \ z = x\sin(x+y)\,,\ \ z = \log(x^2+y^2)\,.$$

例 5.2　実験科学では変数に x, y, z 以外の固有の文字を使うことが多い．たとえばボイル・シャルルの法則により，理想気体の状態方程式

$$pV = nRT$$

が成り立つが，モル数 n が一定なら $nR =: k$ が定数になるから，圧力 p は

$$p = k \cdot \frac{T}{V}$$

という表示をもつ，体積 V と絶対温度 T の 2 変数関数である．

5.2　2 変数関数のグラフ

$y = f(x)$ と同じように $z = f(x,\, y)$ のグラフも描いてみたいのだが，2 変数関数では入力変数だけでふたつあるから，これを表すだけで 2 本の軸，すなわち平面が必要である．出力 z を表すには，必然的に原点で xy 平面に垂直な軸を立ててその位置で表さざるを得ない．つまり，入力の組 $(x,\, y)$ に対して出力 z をその点での高さにとって表示するわけだから，$z = f(x,\, y)$ のグラフは 3 次元空間内の曲面を描く[*2]．一般論を説明する際は，次ページのような絵を描くことが多い．

[*2] 3 変数関数 $w = f(x, y, z)$ のグラフは 4 次元空間内に実現されるので描けない．

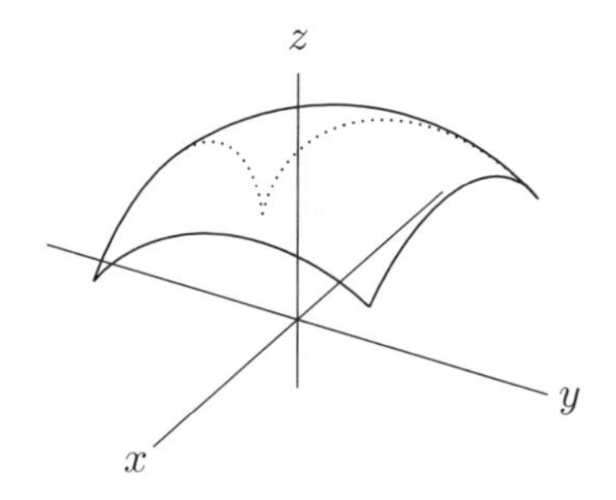

簡単なふたつの関数 $z = x^2 - y^2$ および $z = x^2 + y^2$ について，そのグラフは次のようになる[*3].

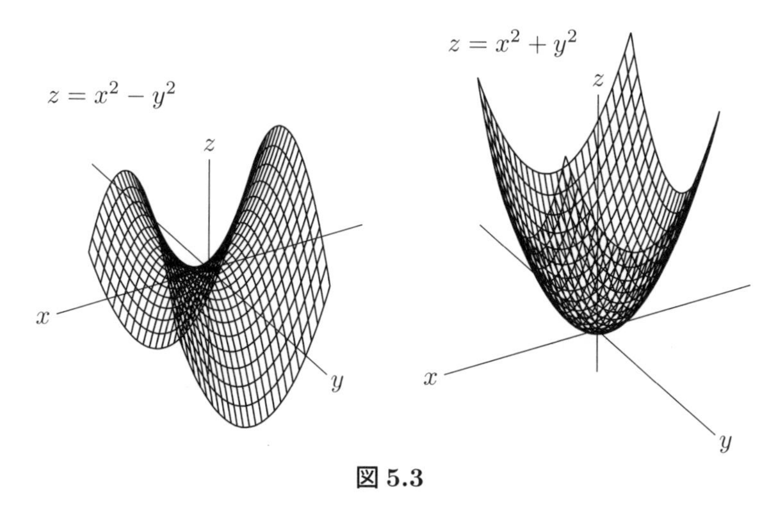

図 5.3

さて，空間図形をグラフと呼ぶのは少し抵抗があるので，我々は以後これを ***f* の表す曲面**と呼ぶことにしよう．なお，平面も曲面のうちに含める．

[*3] $z = x^2 - y^2$ は馬の鞍型をした曲面である．これは，2 変数関数の極値問題を考える際にある種の典型的な役割を果たす曲面なので覚えておくとよい．こんな簡単な式で表されるグラフですらそれなりに難しい．ここに，1 変数関数から 2 変数関数へと移行する際のギャップが象徴的に現れている．

例 5.3（平面の方程式） 点 (x_0, y_0, z_0) を通り，ベクトル (a, b, c) に垂直な平面は 3 次元空間内にひとつ確定する（下図 5.4）．その平面上の任意の点 (x, y, z) をとると，

$$(x - x_0,\ y - y_0,\ z - z_0) \perp (a, b, c)$$

であるから，ふたつのベクトルの内積は 0 になる．

$$\begin{aligned} &(x - x_0,\ y - y_0,\ z - z_0) \cdot (a, b, c) \\ &= a(x - x_0) + b(y - y_0) + c(z - z_0) = 0. \end{aligned} \tag{5.1}$$

定数 $ax_0 + by_0 + cz_0 = d$ と置いて（5.1）を整理すれば，

$$ax + by + cz = d \tag{5.2}$$

というきれいな形になる．これが平面を表す方程式の標準形である．ベクトル (a, b, c) をこの平面の**法線ベクトル**という．特に $c \neq 0$ のとき[*4]，(5.2) の両辺を c で割り，改めて文字を取り直して表示すれば，

$$z = ax + by + c \tag{5.3}$$

の形になる．これが平面を表す 2 変数関数 $z = f(x, y)$ である[*5]．$f(x, y)$ が x, y の双方について 1 次式 であることをしっかり理解する必要がある．(5.3) で $c = 0$ なら，その平面は原点を通ることも言い添えておこう．

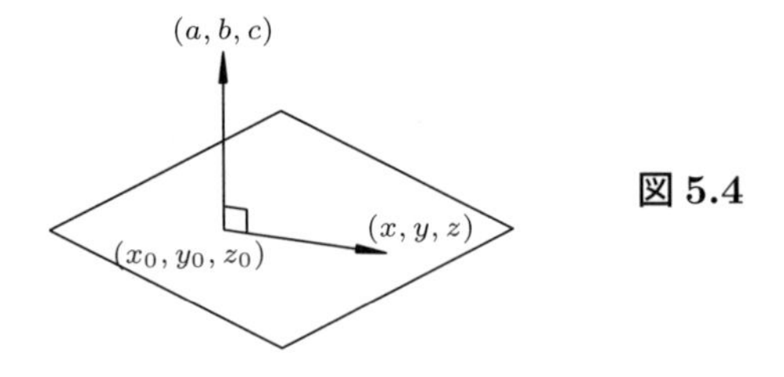

図 5.4

---

*4 これは法線ベクトルが xy 平面上にないことを意味する．言い換えれば，この平面が xy 平面に垂直ではないと主張している．

*5 $z = f(x, y)$ の形の平面は，xy 平面に垂直でない平面しか表さないのである．

5.3　偏微分とその意味

例 5.4（準備） a を定数として関数 $y = x^2 - 2ax + a + 2$ を微分する，ということようなことを高等学校時代にやった記憶があるだろう．$y' = 2x - 2a$ であるが，ここには偏微分を学ぶ上で重要なポイントが隠れている．a は定数なので変数は x だけであり，y' は x に関する微分を表していることである．$a + 2$ が消えたのは，全体が定数なので微分して 0 になるからだ．

そこで，定数 a を変数 y に変えてみると，

$$z = x^2 - 2xy + y + 2 \tag{5.4}$$

という 2 変数関数が現れる．ここでは x と y は対等な変数である．逆戻りするようだが，もう一度 y に定数 a を代入したと思って*6，変数が x だけの関数として微分してみよう．今度は出発点の式（5.4）において，意図的に y を定数化し，x だけに注目して微分していることになるだろう．これを「x に偏って微分している」という意味で **x に関する偏微分**といい，それがはっきりわかるような記号も用意して，

$$\frac{\partial z}{\partial x} = 2x - 2y$$

と書くのである．

次に（5.4）の x に定数 b を代入してみると，$z = b^2 - 2by + y + 2$ という関数ができるが，この関数の変数は y だけになる．従って，y に関して微分することができる．実際には代入したと想像するだけにして微分することを **y に関する偏微分**といい，

$$\frac{\partial z}{\partial y} = -2x + 1$$

と書く．∂ は丸く書いた d なので round（丸い） d と読む．以上を念頭に置いて以下の解説を読んでほしい．

---

*6 実際に代入はしない．頭の中で代入した状態を想像するのである．

図 5.5 のように $z = f(x, y)$ の表す曲面 S と，S 上の点 P を考える．P を通って zx 平面に平行な平面で S を切る．切り口に現れる曲線が AB である．同じように，P を通って yz 平面に平行な平面で S を切ったときに切り口に現れる曲線が CD である．食パンを切っていると思えばイメージしやすいだろう．

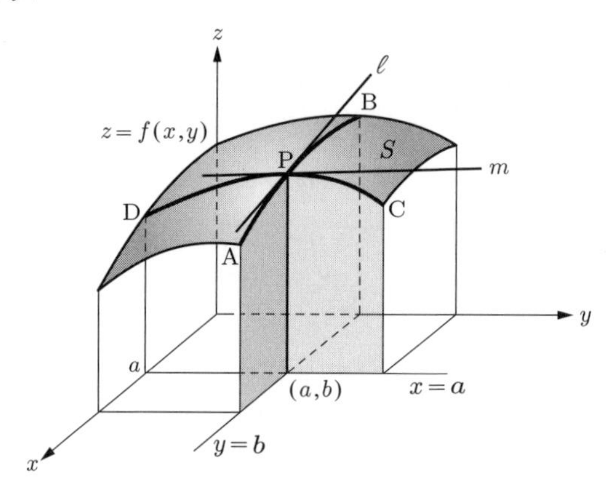

図 5.5

曲線 AB や CD は式で表すことができる．曲線 AB は，$z = f(x, y)$ で $y = b$（一定）にしたときに現れるから $z = f(x, b)$ と表せる．この曲線 AB に点 P で引いた接線 ℓ の傾きが

$$\lim_{h \to 0} \frac{f(a+h,\, b) - f(a, b)}{h}$$

で与えられることは第 3 章で学んだ微分の定義式 (3.2) と全く同じである．この極限値を $\boldsymbol{f_x(a,\, b)}$ などと書いて $(a,\, b)$ における **x-偏微分係数**という．

同様に，切り口の曲線 CD : $z = f(a,\, y)$ に点 P で引いた接線 m の傾きは

$$\lim_{k \to 0} \frac{f(a,\, b+k) - f(a, b)}{k}$$

で与えられ，この極限値を $\boldsymbol{f_y(a,\, b)}$ などと書いて $(a,\, b)$ における **y-偏微分係数**という．

偏微分係数 5.5

関数 $z = f(x, y)$ に対し，極限値

$$\lim_{h \to 0} \frac{f(a+h, b) - f(a, b)}{h} \tag{5.5}$$

を (a, b) における **x-偏微分係数**といい，次のいずれかの記号で表す．

$$f_x(a, b), \ z_x(a, b), \ \frac{\partial f}{\partial x}(a, b), \ \frac{\partial z}{\partial x}(a, b).$$

y についても同様に，

$$\lim_{k \to 0} \frac{f(a, b+k) - f(a, b)}{k} \tag{5.6}$$

を (a, b) における **y-偏微分係数**といい，次のいずれかの記号で表す．

$$f_y(a, b), \ z_y(a, b), \ \frac{\partial f}{\partial y}(a, b), \ \frac{\partial z}{\partial y}(a, b).$$

曲面上の点 P の周囲は 360° の大パノラマが広がっているのに，そのうちの直交する 2 方向だけに注目して，切り口に現れる曲線の接線の傾きを考えているのだから，偏微分は実質的には 1 変数関数の微分と何ら変わらない．

例題 5.6 関数 $z = x^2 - y^2$ に対して x-偏微分係数（5.5）を計算せよ．

解答 定義通りに計算する．

$$\begin{aligned}
(5.5) &= \lim_{h \to 0} \frac{\{(a+h)^2 - b^2\} - \{a^2 - b^2\}}{h} \\
&= \lim_{h \to 0} \frac{2ah + h^2}{h} \\
&= \lim_{h \to 0} (2a + h) \\
&= 2a.
\end{aligned}$$

（5.6）も同様に計算でき，結果は $-2b$ となる．一般の関数は x と y が絡んでいるために，この例題のように簡単には計算できない． ∎

第3章で，微分係数から導関数へと考察を進めたのと同じように，特定の点 (a, b) を変数 (x, y) に置き換えれば次の定義が得られる．

偏導関数の定義 5.7

関数 $z = f(x, y)$ に対し，極限値

$$\lim_{h \to 0} \frac{f(x+h, y) - f(x, y)}{h} \tag{5.7}$$

を **x-偏導関数**といい，

$$f_x\,,\ z_x\,,\ \frac{\partial f}{\partial x},\ \frac{\partial z}{\partial x}$$

などと表す．同様に，

$$\lim_{k \to 0} \frac{f(x, y+k) - f(x, y)}{k} \tag{5.8}$$

を **y-偏導関数**といい，

$$f_y\,,\ z_y\,,\ \frac{\partial f}{\partial y},\ \frac{\partial z}{\partial y}$$

などと表す．この2種類の偏導関数を併せて単に**偏導関数**と呼び，偏導関数を求めることを**偏微分する**という．

注意 5.8　偏導関数を表すには，(x, y) を補って

$$z_x(x, y) \quad \text{とか} \quad \frac{\partial z}{\partial y}(x, y)$$

のように書いた方が丁寧だが，面倒なので省略することも多い．

偏微分の心は，

x, y のうち一方を定数だと思って今まで通りに微分する

ということに尽きる．一方を定数だと思うことを「一方を止める」ともいう．例5.4のように，$y = a$ とか $x = b$ を代入したと思って，合成関数微分

などを駆使しつつ計算すればよい.

例 5.9 関数 $z = e^{3x+2y}$ を偏微分してみよう. x で偏微分するには $y = a$（定数）を代入して, $z = e^{3x+2a}$ を今まで通りに微分すればよい.

$$z_x = 3 \cdot e^{3x+2a} = 3\, e^{3x+2y}\,.$$

$z = e^t,\, t = 3x + 2a$ という合成関数の微分をしていることに他ならない. y で偏微分するには $x = b$（定数）を代入した $z = e^{3b+2y}$ を y で微分して

$$z_y = 2 \cdot e^{3b+2y} = 2\, e^{3x+2y}$$

となる. 頭の中だけで「一方を止め」られるように慣れる必要がある.

例 5.10 関数 $z = y \sin(4x + y)$ を x で偏微分すると,

$$z_x = 4y\, \cos(4x + y)$$

である. y は 2 箇所に出てくるので, y に関する偏微分は積の微分公式を使わなければならない. →導関数の基本公式 3.14（III）.

$$\begin{aligned} z_y &= (y)_y \cdot \sin(4x + y) + y \cdot (\sin(4x + y))_y \\ &= 1 \cdot \sin(4x + y) + y \cdot \cos(4x + y) \cdot 1 \\ &= \sin(4x + y) + y\, \cos(4x + y)\,. \end{aligned}$$

例 5.11 関数 $z = \log(x^2 + 2xy + 3y^2)$ の偏導関数は

$$z_x = \frac{2x + 2y}{x^2 + 2xy + 3y^2}, \quad z_y = \frac{2x + 6y}{x^2 + 2xy + 3y^2}$$

となる. →第 3 章例題 3.49.

例 5.12 関数 $z = \sqrt{1 - x^2 - y^2}$ の偏導関数は

$$z_x = -\frac{x}{\sqrt{1 - x^2 - y^2}}, \quad z_y = -\frac{y}{\sqrt{1 - x^2 - y^2}}$$

となる.

問 5.13 次の各関数を偏微分せよ.

(1) $z = x^2 - 3xy + 5y^2$ (2) $z = \sin xy^2$ (3) $z = e^{xy}$

5.4 高次偏導関数

何度も微分可能な1変数関数 $y=f(x)$ の導関数 $f'(x)$ をさらに微分して $f''(x)$, $f'''(x)$, $\cdots$ を考えたように，$z=f(x,\,y)$ の偏導関数 z_x, z_y をさらに偏微分していくことができる.

2次偏導関数の定義 5.14

z_x の x-偏導関数 $(z_x)_x$ を $\boldsymbol{z_{xx}}$，y-偏導関数 $(z_x)_y$ を $\boldsymbol{z_{xy}}$ と表記する. 同様に，z_y の x-偏導関数 $(z_y)_x$ を $\boldsymbol{z_{yx}}$，y-偏導関数 $(z_y)_y$ を $\boldsymbol{z_{yy}}$ と表記する. 以上4種類の偏導関数を $f(x,\,y)$ の **2次偏導関数**と呼ぶ.

これは次のように図示するとわかりやすい.

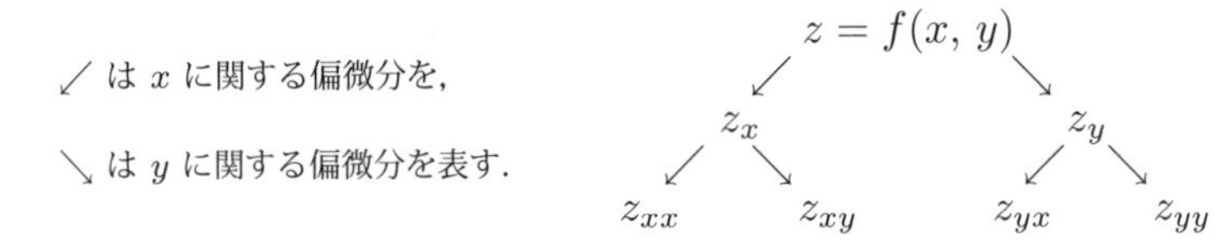

この図から，さらに3次偏導関数，4次偏導関数, $\cdots$ がどのような仕組みで得られるのかもわかる.

問 5.15 3次偏導関数は全部で何個あるか. 一般に n 次偏導関数は全部で何個あるか.

注意 5.16 2次偏導関数を記号 ∂ を使って表すときは,

$$z_{xx}=\frac{\partial^2 z}{\partial x^2},\quad z_{xy}=\frac{\partial^2 z}{\partial y\partial x},\quad z_{yx}=\frac{\partial^2 z}{\partial x\partial y},\quad z_{yy}=\frac{\partial^2 z}{\partial y^2}$$

のようになる. z_{xy} と z_{yx} については，分母にある偏微分の順序が逆になっていることに注意.

例 5.17 $z=5x^2-xy+2y^2$ の2次偏導関数.

$$z_x=10x-y\,,\ z_y=-x+4y$$

であるから,

$$z_{xx} = 10\,,\ z_{xy} = -1\,,\ z_{yx} = -1\,,\ z_{yy} = 4.$$

例 5.18 $z = \log xy$ の 2 次偏導関数.

$\log xy = \log x + \log y$ としてから偏微分を始めれば容易である.

$$z_x = \frac{1}{x},\ z_y = \frac{1}{y}$$

より

$$z_{xx} = -\frac{1}{x^2},\ z_{xy} = 0\,,\ z_{yx} = 0\,,\ z_{yy} = -\frac{1}{y^2}.$$

このふたつの例を見る限りでは $z_{xy} = z_{yx}$ が成り立っている.簡単な例なので,たまたま成立しただけのようにも思えるが,実は一般的に成り立つ事実である.

偏微分の順序変更 5.19

2 次偏導関数をもつ $z = f(x,\,y)$ が,ある緩い条件を満たせば

$$z_{xy} = z_{yx} \tag{5.9}$$

が成り立つ(全く無条件には成り立たない).

問 5.20 問 5.13 の関数について,2 次偏導関数を求めて $z_{xy} = z_{yx}$ が成り立つことを確認せよ.本書で扱う全ての関数は,その「緩い条件」を満たす.

5.5 全微分

例 5.3 で学んだ平面の方程式を思い出そう.点 $(x_0,\,y_0,\,z_0)$ を通り,法線ベクトル $(a,\,b,\,-1)$ をもつ平面の方程式は

$$z - z_0 = a(x - x_0) + b(y - y_0) \tag{5.10}$$

で与えられるが,この $a,\,b$ には特別な意味が付与される.なんとなれば,

$$\frac{\partial z}{\partial x} = a\,,\quad \frac{\partial z}{\partial y} = b$$

となるからである．偏導関数自身が定数になっていることに注意されたい．これは，x 方向，y 方向のそれぞれの切り口の接線の傾きがどこをとってもそれぞれ a, b であることを意味する[*7]．従って，

$$\frac{\partial z}{\partial x}(x_0, y_0) = a\,, \quad \frac{\partial z}{\partial y}(x_0, y_0) = b$$

でもある．つまり，(5.10) 型の平面は，通過する点 (x_0, y_0, z_0) と，その点における偏微分係数を与えれば決まってしまうのである[*8]．このことをしっかり認識しよう（次ページ図 5.6 参照）．

さて，偏微分はたいへん貧しい概念である．f の表す曲面上に立っていると想像したとき，360° に広がる大パノラマのうち，直交する 2 方向で切った切り口しか見ていないからである．1 変数関数 $y = f(x)$ の微分の目的が，f を接線という 1 次式で近似することであったことを思い起こせば，次のような図式が考えられるであろう．

$y = f(x)$ の微分 $\longleftrightarrow$ 接線での近似
$z = f(x, y)$ の微分 $\longleftrightarrow$ 接平面での近似

すなわち，$z = f(x, y)$ を，その上の点 $\mathrm{P}(x_0, y_0, f(x_0, y_0))$ において本当の意味で微分するということは，そこで f の表す曲面に**接平面を張る**ということなのである．このとき，接平面は点 P における偏微分係数を f と共有していなければならないであろう．従って，次の事実がわかった．

$z = f(x, y)$ の接平面の方程式 5.21

$z = f(x, y)$ 上の点 $\mathrm{P}(x_0, y_0, f(x_0, y_0))$ における接平面の方程式は

$$z - f(x_0, y_0) = \frac{\partial f}{\partial x}(x_0, y_0)(x - x_0) + \frac{\partial f}{\partial y}(x_0, y_0)(y - y_0) \quad (5.11)$$

で与えられる（次ページ図 5.6 をじっと見ているとわかる）．

[*7] 接線自体が平面上にある．

[*8] $\left(\frac{\partial z}{\partial x}(x_0, y_0), \frac{\partial z}{\partial y}(x_0, y_0)\right)$ を (x_0, y_0) における z の**勾配ベクトル**または **gradient** という．

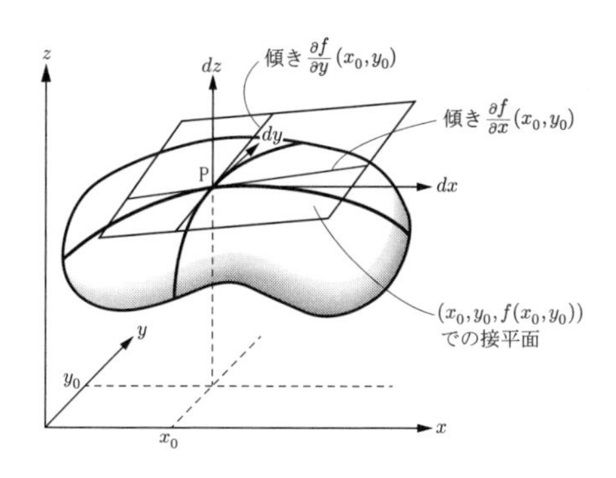

図 5.6

第 3 章 7 節 2 項（3.12）で $dy = f'(x)dx$ が $y = f(x)$ の接線の方程式に他ならないことを解説した．（5.11）でも同様に

$$dz = z - f(x_0, y_0), \quad dx = x - x_0, \quad dy = y - y_0$$

と置けば

$$dz = \frac{\partial f}{\partial x}(x_0, y_0)\, dx + \frac{\partial f}{\partial y}(x_0, y_0)\, dy$$

となり，特定の点 (x_0, y_0) を一般の点 (x, y) に変えれば次が得られる．

全微分の定義 5.22

$$dz = \frac{\partial f}{\partial x}(x, y)\, dx + \frac{\partial f}{\partial y}(x, y)\, dy \tag{5.12}$$

を f の**全微分**と呼ぶ．これは一般の点で考えた f の接平面の方程式に他ならない．つまり f の近似 1 次関数である．

注意 5.23　昔は，偏微分に対して「全方位の微分」という意味を込めて全微分と呼んでいたが，今まで述べてきたように，これこそが 1 変数関数の微分の自然な拡張になっているので，現在では単に**微分**と呼ぶことが多い．

例題 5.24　関数 $z = x^3 + y^3$ の全微分を求めよ．次に，この曲面上の点 $(1, -1, 0)$ における接平面の方程式と法線ベクトルとを求めよ．

解答　$z_x = 3x^2$, $z_y = 3y^2$ であるから，全微分は

$$dz = 3x^2\,dx + 3y^2\,dy.$$

$(1, -1, 0)$ における接平面の方程式は（5.11）より

$$z = 3(x-1) + 3(y+1) = 3x + 3y.$$

法線ベクトルは上向きが $(-3, -3, 1)$，下向きが $(3, 3, -1)$ である． ∎

例題 5.25　理想気体の状態方程式で n を一定とすると，圧力 p は

$$p = nR \cdot \frac{T}{V}$$

という T と V の 2 変数関数になる．この関数の全微分を求めよ．

解答

$$\frac{\partial p}{\partial T} = \frac{nR}{V} = \frac{p}{T}, \quad \frac{\partial p}{\partial V} = -\frac{nRT}{V^2} = -\frac{p}{V}$$

であるから，

$$\begin{aligned} dp &= \frac{\partial p}{\partial T} dT + \frac{\partial p}{\partial V} dV \\ &= \frac{p}{T} dT - \frac{p}{V} dV \end{aligned}$$

となり，これを整理すれば次のような美しい等式が得られる．

$$\frac{1}{T} dT = \frac{1}{p} dp + \frac{1}{V} dV. \tag{5.13}$$

このような方程式を扱う分野では，（5.13）を，たとえば dT と dV が微小なときに圧力 p の微小変化量 dp を示す式と捉えるようである．しかし，今まで解説してきたように，数学的には dp も dT も dV も小さいわけでは

ない[*9]．全微分（5.13）は近似 1 次関数としての接平面の式であって，特に dT と dV が微小であるならば，対応する dp が本当の p の変化量に対し，良い近似を与えるということに過ぎない．∎

注意 5.26　微分できない（接線が引けない）関数があるように，偏微分できない関数が存在する．偏微分はできても全微分はできない（接平面が張れない）関数も存在する．本書では，そういった関数を（そのような現象が起こる点において）扱わない．

5.6　2 変数関数の連鎖律

2 変数関数における合成関数の微分法である．$z = f(x, y)$ において，x, y が独立変数ではなく t の微分可能な関数

$$x = x(t),\ \ y = y(t)$$

だった場合，合成関数として t の 1 変数関数

$$z = z(t) = f(x(t), y(t)) \tag{5.14}$$

ができるが，次はこれを t で微分する仕方についての定理である．

合成関数の微分法 5.27

$z = f(x, y)$ の全微分が存在するならば，合成関数（5.14）は

$$\frac{dz}{dt} = \frac{\partial z}{\partial x} \cdot \frac{dx}{dt} + \frac{\partial z}{\partial y} \cdot \frac{dy}{dt} \tag{5.15}$$

のように微分できる．

証明　冒頭の条文を満たさない関数は扱わないので無視してよい．t の増分 Δt に対する x, y の増分を $\Delta x, \Delta y$ とし，f において，この増分に対する z の増分を Δz

[*9] 全微分（5.12）を導いた過程を検証してみればわかるように，dz は Δz から極限移行によって得られているのではない．ただ置いただけである．dx, dy も同じである．

とする．このとき，

$$\Delta z \doteqdot \frac{\partial z}{\partial x}\,\Delta x + \frac{\partial z}{\partial y}\Delta y$$

という近似式が成り立つ[*10]．両辺を Δt で割れば，

$$\frac{\Delta z}{\Delta t} \doteqdot \frac{\partial z}{\partial x}\cdot\frac{\Delta x}{\Delta t} + \frac{\partial z}{\partial y}\cdot\frac{\Delta y}{\Delta t}$$

となる．ここで $\Delta t \to 0$ の極限をとれば（5.15）が得られる．■

例 5.28　合成関数

$$z = x^2 - y\,,\ \ x = e^t\,,\ \ y = e^{-t}$$

に対して，

$$\frac{dz}{dt} = 2x \cdot e^t + (-1)\cdot(-e^{-t}) = 2e^{2t} + e^{-t}$$

となる．z を t の式にしてから微分しても同じ結果になることがわかる．

合成関数の微分法 5.29

$z = f(x,\,y)$ の全微分が存在するならば，$x = \varphi(u,v)$, $y = \psi(u,v)$ との合成関数

$$z = f(\varphi(u,v),\,\psi(u,v))$$

は u, v の 2 変数関数として

$$\frac{\partial z}{\partial u} = \frac{\partial z}{\partial x}\cdot\frac{\partial x}{\partial u} + \frac{\partial z}{\partial y}\cdot\frac{\partial y}{\partial u},$$
$$\frac{\partial z}{\partial v} = \frac{\partial z}{\partial x}\cdot\frac{\partial x}{\partial v} + \frac{\partial z}{\partial y}\cdot\frac{\partial y}{\partial v}$$

のように偏微分できる．

証明　偏微分は一方の変数を止めて今まで通り微分することだから，たとえば v を止めて（5.15）を適用する．このとき，dz/du と $\partial z/\partial u$ は同じものであることに注意すればよい．他も同様．■

[*10] 右辺は接平面上での z の変動量を，左辺は f の表す曲面上でのそれを表す．

例 5.30　合成関数

$$z = e^{xy}\,,\ \ x = u - v\,,\ \ y = uv$$

に対して,

$$\frac{\partial z}{\partial u} = ye^{xy}\cdot 1 + xe^{xy}\cdot v = e^{xy}(xv+y)\,,$$
$$\frac{\partial z}{\partial v} = ye^{xy}\cdot(-1) + xe^{xy}\cdot u = e^{xy}(xu-y)$$

となる.

5.7　2変数のテイラーの定理

下図において, 2点 $(a,\, b)$, $(a+h,\, b+k)$ を結ぶ線分上の点Pの座標は

$$(a+th,\, b+tk)\,,\quad 0 \leqq t \leqq 1$$

と表せる. 関数 $z = f(x,\, y)$ をこの線分上のみで考えることは, 合成関数

$$z = z(t) = f(a+th,\, b+tk)$$

を作ることに他ならない.

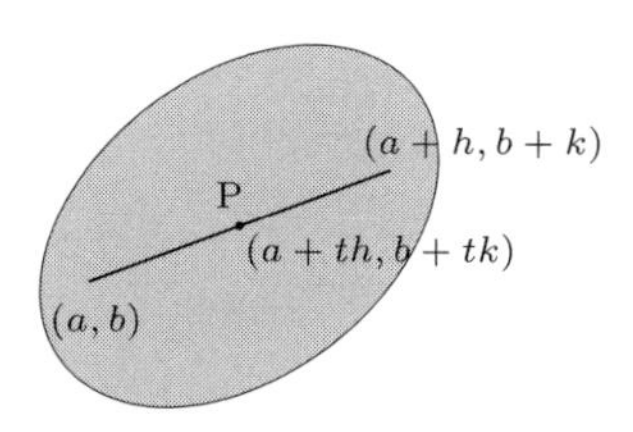

$z(t)$ は t の1変数関数であるから, 4.10節のテイラーの定理4.75（再論）を区間 $[0,t]$ に適用して[*11]

$$z(t) = z(0) + z'(0)t + \frac{z''(0)}{2!}t^2 + \cdots + \frac{z^{(n-1)}(0)}{(n-1)!}t^{n-1} + \frac{z^{(n)}(c)}{n!}t^n \quad (5.16)$$

[*11] $z(t)$ が n 回連続微分可能になるような $f(x,\, y)$ についての条件は暗黙裡に仮定する.

を得る．c は0と t の間にある数である．ここで，(5.15) を用いて合成関数 $z(t)$ を微分すると

$$\begin{aligned}\frac{dz}{dt} &= \frac{\partial z}{\partial x}\cdot h + \frac{\partial z}{\partial y}\cdot k\,,\\ \frac{d^2 z}{dt^2} &= \frac{d}{dt}\left(\frac{dz}{dt}\right) = h\frac{d}{dt}\left(\frac{\partial z}{\partial x}\right) + k\frac{d}{dt}\left(\frac{\partial z}{\partial y}\right)\\ &= h\left\{\frac{\partial}{\partial x}\left(\frac{\partial z}{\partial x}\right)\cdot\frac{dx}{dt} + \frac{\partial}{\partial y}\left(\frac{\partial z}{\partial x}\right)\cdot\frac{dy}{dt}\right\}\\ &\quad + k\left\{\frac{\partial}{\partial x}\left(\frac{\partial z}{\partial y}\right)\cdot\frac{dx}{dt} + \frac{\partial}{\partial y}\left(\frac{\partial z}{\partial y}\right)\cdot\frac{dy}{dt}\right\}\\ &= h^2\frac{\partial^2 z}{\partial x^2} + 2hk\frac{\partial^2 z}{\partial x\partial y} + k^2\frac{\partial^2 z}{\partial y^2}\,,\\ &\qquad\cdots\cdots\cdots\cdots\cdots\cdots\,,\end{aligned}$$

となる．最後の等式では偏微分の順序変更 5.19 を使ってまとめている．$t=0$ を代入することは，たとえば

$$\frac{\partial z}{\partial x}(x,\,y) = \frac{\partial f}{\partial x}(a+th,\,b+tk)$$

において $t=0$ を代入することであることに注意して，

$$\begin{aligned}z(0) &= f(a,\,b)\,,\\ z'(0) &= h\,\frac{\partial f}{\partial x}(a,\,b) + k\,\frac{\partial f}{\partial y}(a,\,b)\,,\\ z''(0) &= h^2\,\frac{\partial^2 f}{\partial x^2}(a,\,b) + 2hk\frac{\partial^2 f}{\partial x\partial y}(a,\,b) + k^2\,\frac{\partial^2 f}{\partial y^2}(a,\,b)\,,\end{aligned}$$

等々と計算できる[*12]．(5.16) にこれらの結果および $n=2,\, t=1$ を代入すると2次の項までの2変数のテイラーの定理が得られる．

[*12] $n \geqq 3$ に対して $z^{(n)}(0)$ を書き下すのは少し骨が折れるが，

$$z^{(n)}(0) = \left(h\frac{\partial}{\partial x} + k\frac{\partial}{\partial y}\right)^n f(a,b)$$

という美しい形に表せる．この n 乗は2項展開と同じ要領で，偏微分作用素に掛かった m 乗は m 階偏微分の意味にとる．

2変数のテイラーの定理（2次の項まで）5.31

2回連続偏微分可能な関数 $z = f(x,\ y)$ と点 $(a,\ b)$ に対し，十分小さな $h,\ k$ をとれば，

$$
\begin{aligned}
f(a+h,\ b+k) &= f(a,\ b) + \left\{ h\frac{\partial f}{\partial x}(a,\ b) + k\frac{\partial f}{\partial y}(a,\ b) \right\} \\
&+ \frac{1}{2}\left\{ h^2\frac{\partial^2 f}{\partial x^2}(a+ch,\ b+ck) + 2hk\frac{\partial^2 f}{\partial x \partial y}(a+ch,\ b+ck) \right. \qquad (5.17) \\
&\left. \qquad + k^2\frac{\partial^2 f}{\partial y^2}(a+ch,\ b+ck) \right\}
\end{aligned}
$$

が成り立つような c が0と1の間に存在する．

例 5.32　$z = e^x \cos y$ に (5.17) を $(a,\ b) = (0,\ 0)$ の場合に適用すると，

$$
z_x = e^x \cos y\,,\ \ z_y = -e^x \sin y\,,
$$
$$
z_{xx} = e^x \cos y\,,\ \ z_{xy} = -e^x \sin y\,,\ \ z_{yy} = -e^x \cos y
$$

より

$$
\frac{\partial z}{\partial x}(0,0) = 1\,,\ \ \frac{\partial z}{\partial y}(0,0) = 0
$$

となるから，0と1の間にある c を用いて

$$
e^h \cos k = 1 + h + \frac{1}{2}\left\{ h^2 e^{ch}\cos ck - 2hke^{ch}\sin ck - k^2 e^{ch}\cos ck \right\}
$$

と表せる．もっと先まで続ければ，

$$
e^h \cos k = 1 + h + \frac{h^2}{2} - \frac{k^2}{2} + \frac{h^3}{6} - \frac{hk^2}{2} + \frac{h^4}{24} - \frac{h^2k^2}{4} + \frac{k^4}{24} + \cdots
$$

となるが，これは e^h, $\cos k$ それぞれの原点でのテイラー展開

$$
e^h = 1 + h + \frac{h^2}{2} + \frac{h^3}{6} + \frac{h^4}{24} + \cdots\,,
$$
$$
\cos k = 1 - \frac{k^2}{2} + \frac{k^4}{24} - \cdots
$$

を掛け合わせたものになっていることを確認されたい．

5.8　極値問題

第 3 章 12 節で 1 変数関数の極値について解説したが，ほぼ同じ要領で 2 変数関数の極値問題を論じることができる．決定的に違う点は，1 変数では有効であった増減表が無意味になることである．$f(x,\ y)$ では独立変数 $(x,\ y)$ が平面上を動き回るためである．

極大・極小が局所的な最大・最小のことであるのは 2 変数でも同じである．すなわち，$z = f(x,\ y)$ の表す曲面が点 $(a,\ b)$ の近傍で下図 (I)，(II) のようになっているとき，f はそれぞれ**極大**，**極小**になるという．

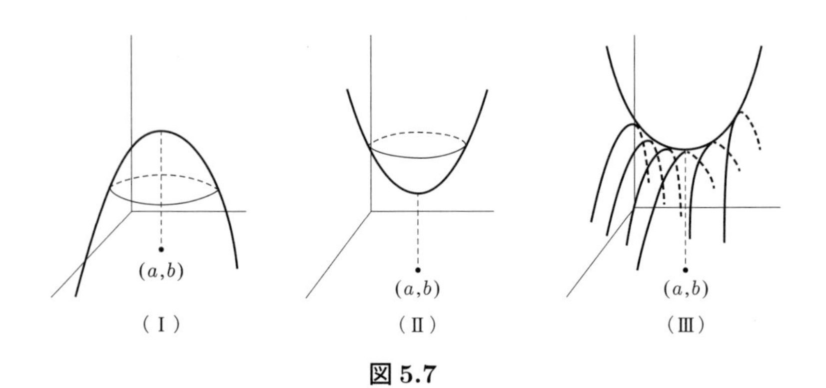

図 5.7

極大・極小点において直交する 2 方向で曲面を切れば，切り口に現れる曲線の接線の傾きは明らかに 0 であるから，次のことがいえる．

極大・極小条件 5.33

偏微分可能な $f(x,\ y)$ が $(a,\ b)$ で極値をとるなら，

$$\frac{\partial f}{\partial x}(a,\ b) = \frac{\partial f}{\partial y}(a,\ b) = 0 \tag{5.18}$$

でなければならない．(5.18) を満たす $(a,\ b)$ を**臨界点**とか**停留点**と呼ぶ．

臨界点が極値をとる点の候補に過ぎないことは第 3 章注意 3.73 と同じである．臨界点で極値をとらない典型例が図 5.7 の（III）である．これは (a, b) の近傍における曲面の形状が，図 5.3 の $z = x^2 - y^2$ と同じ鞍型になっている場合である．

問 5.34　図 5.3 の $z = x^2 - y^2$ の表す曲面（双曲放物面という）では，原点 $(0, 0)$ が臨界点になっていることを視覚と計算の両方で確かめよ．このような点を**峠点**とか**鞍点**と呼ぶ．尾根を縦走するような本格的な登山をしたことがある人なら，峠点の意味するところがよくわかるだろう．

我々がなすべきことは，臨界点で本当に極値を取るかどうかの判定法を確立することである．そのために，テイラーの定理 5.31 を用いる．いま，(a, b) が臨界点だとすると，(5.18) に注意して，(5.17) は

$$f(a+h,\, b+k) = f(a,\, b) + \frac{1}{2}\left\{h^2\frac{\partial^2 f}{\partial x^2}(a+ch,\, b+ck) + 2hk\frac{\partial^2 f}{\partial x \partial y}(a+ch,\, b+ck) + k^2\frac{\partial^2 f}{\partial y^2}(a+ch,\, b+ck)\right\} \tag{5.19}$$

となる．h, k が十分小さければ，$(a+ch,\, b+ck)$ は $(a,\, b)$ に十分近いので，

$$\frac{\partial^2 f}{\partial x^2}(a+ch,\, b+ck),\quad \frac{\partial^2 f}{\partial x \partial y}(a+ch,\, b+ck),\quad \frac{\partial^2 f}{\partial y^2}(a+ch,\, b+ck)$$

の値は，それぞれ

$$\frac{\partial^2 f}{\partial x^2}(a,\, b) =: \mathcal{A},\quad \frac{\partial^2 f}{\partial x \partial y}(a,\, b) =: \mathcal{B},\quad \frac{\partial^2 f}{\partial y^2}(a,\, b) =: \mathcal{C} \tag{5.20}$$

と非常に近い[*13]．そこで，(5.19) の｛　｝内を (5.20) で代用すれば，

$$f(a+h,\, b+k) = f(a,\, b) + \frac{1}{2}\left\{\mathcal{A}h^2 + 2\mathcal{B}hk + \mathcal{C}k^2\right\} \tag{5.21}$$

と考えて差し支えないのである．

[*13] 厳密には，2 次偏導関数が連続であるという条件の下で成り立つことである．これは緩い仮定なので，本書に現れる関数では満たされている．

極値の判定 5.35

$f(x,\,y)$ の臨界点 $(a,\,b)$ に対して

$$\frac{\partial^2 f}{\partial x^2}(a,\,b) =: \mathcal{A},\quad \frac{\partial^2 f}{\partial x \partial y}(a,\,b) =: \mathcal{B},\quad \frac{\partial^2 f}{\partial y^2}(a,\,b) =: \mathcal{C}$$

と置くとき，

1. $\mathcal{A} > 0$, $\mathcal{B}^2 - \mathcal{AC} < 0$ なら f は $(a,\,b)$ で極小になる．
2. $\mathcal{A} < 0$, $\mathcal{B}^2 - \mathcal{AC} < 0$ なら f は $(a,\,b)$ で極大になる．
3. $\mathcal{B}^2 - \mathcal{AC} > 0$ なら $(a,\,b)$ で峠点になる（極値はとらない）．

証明 (5.21) の $\{\quad\}$ 内は，2次関数の平方完成と同じ要領で

$$= \mathcal{A}\left(h + \frac{\mathcal{B}}{\mathcal{A}}k\right)^2 - \frac{\mathcal{B}^2 - \mathcal{AC}}{\mathcal{A}}k^2 \tag{5.22}$$

と変形できる．ここで $\mathcal{A} \neq 0$ とした．$h,\,k$ は同時には0にならない．
1. では (5.22) > 0 となる．従って，$h,\,k$ が微小な範囲で動き回るとき

$$f(a+h,\,b+k) > f(a,\,b)$$

となって，$(a,\,b)$ は極小点になる．2. も同様．3. の場合，$\mathcal{A}$ の符号に拘らず，$h,\,k$ をどんなに小さくしても (5.22) の符号は正にも負にもなる．$\mathcal{A} = 0$ なら $\mathcal{B} \neq 0$ であり，このときも $\{\quad\}$ 内は正にも負にもなり得る． ∎

注意 5.36 行列を知っている読者のために少し余計なことを述べておこう．$f(x,\,y)$ の臨界点 $(a,\,b)$ に対し，

$$\begin{pmatrix} f_{xx}(a,\,b) & f_{xy}(a,\,b) \\ f_{yx}(a,\,b) & f_{yy}(a,\,b) \end{pmatrix}$$

のように定義される2次行列を f の $(a,\,b)$ における**ヘッセ行列**という．(5.9) によって，この行列は右上がりの対角線成分が等しい対称行列である．ヘッセ行列の行列式は

$$f_{xx}(a,\,b)f_{yy}(a,\,b) - f_{xy}(a,\,b)^2$$

になるが，その符号を逆にしたものが $\mathcal{B}^2 - \mathcal{AC}$ だったのである．これを**ヘッセ行列式**とか **Hessian** などと呼ぶ．

例題 5.37　関数 $f(x,\, y) = x^3 - 3xy + y^3$ の極値を調べよ.

解答　連立方程式

$$\begin{cases} z_x = 3x^2 - 3y = 0 \\ z_y = 3y^2 - 3x = 0 \end{cases}$$

を解いて，臨界点は

$$(0, 0) \quad \text{および} \quad (1, 1)$$

である.

$$z_{xx} = 6x,\ z_{xy} = -3,\ z_{yy} = 6y$$

であるから，$(0, 0)$ については

$$\mathcal{B}^2 - \mathcal{AC} = 9 > 0$$

となるから峠点，$(1, 1)$ については

$$\mathcal{A} = 6 > 0, \quad \mathcal{B}^2 - \mathcal{AC} = (-3)^2 - 36 < 0$$

となるから極小になり，極小値は $f(1,\, 1) = -1$ となる. ∎

問 5.38　関数 $f(x,\, y) = x^2 + y^2 + 3xy - 7x - 8y$ の極値を調べよ.

注意 5.39　$\mathcal{B}^2 - \mathcal{AC} = 0$ のときは，より高次の偏導関数を調べないとなんとも言えない.

演習問題 5

1 次の各関数の偏導関数および原点での偏微分係数を求めよ.

(1) $z = 2x^2 + 3xy^2$　　(2) $z = (x+1)(y+1)$　　(3) $z = e^{-2x}\sin 6y$

2 次の各関数を偏微分せよ.

(1) $z = e^{x^2+y^2}$　　(2) $z = \sin(x\cos y)$　　(3) $z = \log|5x-2y|$

(4) $z = \dfrac{x-y}{x+y}$　　(5) $z = \log\dfrac{x^2+y^2}{xy}$　　(6) $z = x^3y^2\sin y$

(7) $z = xe^{-xy}$　　(8) $z = \sin(x^2-y^2)$　　(9) $z = (1+xy)^5$

3 次の各関数の 2 次偏導関数を求めよ.

(1) $z = -2x^4y^3 + 5y^2$　　(2) $z = e^{xy}$　　(3) $z = e^{-x^2-y^2}$

(4) $z = \cos 2x \sin 7y$　　(5) $z = \log\sqrt{x^2+y^2}$

4 次の各関数の全微分と，指示した点での接平面の方程式を求めよ．また，(1) で $(x, y) = (1.1, -1.9)$ での z の近似値を全微分を用いて求め，真の値と比較せよ.

(1) $z = x^2 + 3xy + 2y^2$,　$(1, -2, 3)$

(2) $z = \log(x^2+y^2)$,　$(1, 1, \log 2)$

5 $z = e^{ax}\cos by$ が

$$\frac{\partial^2 z}{\partial x^2} + \frac{\partial^2 z}{\partial y^2} = 0$$

を満たすための定数 a, b に関する条件を求めよ.

6 次の各関数の極値を調べよ.

(1) $z = 4xy - 2y^2 - x^4$　　(2) $z = x^3 - 4xy - y^2 + 4x$

(3) $z = e^{x/2}(x+y^2)$　　(4) $z = x^2 + y^2 + y^3$

7 $0 < x,\ y < 2\pi$ における関数

$$z = \sin x + \cos y$$

の極値を調べよ．その結果から **4** (3) の結果を論じよ．

8 次の合成関数について dz/dt を求めよ．

(1) $z = e^x \sin y$， $x = t^2$， $y = t - 1$

(2) $z = \cos xy^2$， $x = 3t + 1$， $y = 4t + 1$

9 次の合成関数について $\partial z/\partial u,\ \partial z/\partial v$ を求めよ．

(1) $z = \dfrac{xy}{x+y}$， $x = u\cos v$， $y = u\sin v$

(2) $z = x^2 + y^2$， $x = u - 2v$， $y = 2u + v$

10 (**陰関数微分**) $x^2 + y^2 = 1$ を y について解くと $y = \pm\sqrt{1-x^2}$ となる．これは x に対し y の値がふたつあるので関数にならない．しかし，$y > 0$ では＋の符号の方に決まり，$y < 0$ では−の符号の方に決まる．一般に，偏導関数が連続であるような関数 $F(x, y)$ に対し，方程式 $F(x, y) = 0$ は

$$F(a, b) = 0,\quad F_y(a, b) \neq 0$$

を満たす $x = a$ の近傍で

$$y = \varphi(x)$$

のように一意的に解くことができる．ただし，この φ を具体的に式に書き表すことができるとは限らない[*14]ので，$dy/dx = \varphi'(x)$ を求めるときは，連鎖律 (5.15) を用いて $F(x, y) = 0$ の形のまま次のように x で微分する．

$$F_x \cdot \frac{dx}{dx} + F_y \cdot \frac{dy}{dx} = F_x + F_y \cdot \varphi'(x) = 0\,.$$

これを陰関数微分という．この方法で方程式 $e^{x+y} - y^2 = 0$ から dy/dx を求めよ．

[*14] これこそが現代数学における本来の意味の関数！

第 6 章

常微分方程式入門

第 3 章 13 節で微分方程式のごく初歩的なことについては述べた．本章では，与えられた微分方程式を解くことを中心に，より組織的に解説する．なお，本章では関数の表示に際して，一般的な説明には $y = f(x)$ を，自然現象に関連するものには $x = x(t)$ を用いる．導関数についても，y', dy/dx, x', dx/dt などを臨機応変に用いる．

6.1　微分方程式とは何か

未知の関数 $y = f(x)$ に対して，y の導関数 $y', y'', \cdots$ を含む形で与えられる

$$\frac{dy}{dx} + y\tan x = \frac{1}{\cos x} \tag{6.1}$$

$$\frac{d^2y}{dx^2} + 2\,\frac{dy}{dx} - 3y = e^{\,2x} \tag{6.2}$$

$$\frac{d^2y}{dx^2} = \left(\frac{dy}{dx}\right)^2 \tag{6.3}$$

のような方程式を**常微分方程式**といい，それを満たす関数 y を**解**という．解を求めることを微分方程式を**解く**という．常微分方程式に含まれる y の導関数の最大階数をその微分方程式の**階数**と呼ぶ．(6.1) は 1 階，(6.2) と (6.3) は 2 階の微分方程式である．

注意 6.1　ふたつ以上の独立変数をもつ関数とその偏導関数を含む方程式は**偏微分方程式**と呼ばれる．たとえば，

$$\frac{\partial^2 z}{\partial x^2}+\frac{\partial^2 z}{\partial y^2}=0$$

は 2 変数関数 $z=f(x, y)$ に関する偏微分方程式である（→第 5 章演習問題 5 **5**）．本書では常微分方程式しか扱わないので，以下では単に微分方程式と呼ぶ．

6.2　求積法と一般解

最も簡単な微分方程式は，ある既知の関数 $g(x)$ を用いて

$$\frac{dy}{dx}=g(x) \tag{6.4}$$

と書かれるものである．未知関数 y を求めるのは単に $g(x)$ の原始関数を求めること——単純な積分の問題——に他ならない．たとえば，

$$\frac{dy}{dx}=\frac{1}{x}$$

なら，$y=\log|x|+C$ である．このように，不定積分（四則演算を含む）によって微分方程式を解く方法を**求積法**[*1]という．既に学んだことであるが，不定積分を 1 回実行する度に任意定数がひとつ発生するので，解は一般に無数にある．

k を正の定数として[*2]，第 3 章例題 3.80 でも現れた 1 階微分方程式

$$\frac{dx}{dt}=-kx \tag{6.5}$$

[*1] 求積法は 18 世紀前半までにほぼ完成しており，この方法で解ける微分方程式は全体のごく一部に過ぎないこともわかっている．

[*2] この定数 k は微分方程式に組み込まれた定数であって，微分方程式を解くために不定積分して発生する積分定数 C とはしっかり区別しなければならない．

を考えてみよう．これは (6.4) と違って右辺も未知関数なので，そのまま原始関数を求めるわけにはいかない．(6.5) の解は，C を任意定数として

$$x = Ce^{-kt} \tag{6.6}$$

となるが，このように任意定数を含んだ解を**一般解**と呼ぶ．不定積分を 1 回実行する度に任意定数がひとつ発生するから，n 階微分方程式を解くには n 回不定積分を実行する必要があり，従って任意定数を n 個含む一般解をもつことが想像できるだろう．

それに対し，任意定数に特殊な値を代入して得られる解を**特殊解**という．自然現象のモデルとしての微分方程式の場合は，$t = 0$ のときの $x = x(t)$ の値 $x_0 := x(0)$ が予め観測できることが多い．(6.6) に $t = 0$ を代入すれば，$C = x_0$ に決まってしまう．こうして得られた解 $x = x_0e^{-kt}$ が特殊解である．この x_0 のことを**初期値**または**初期条件**という*3．言い換えれば，

$$\begin{cases} \dfrac{dx}{dt} = -kx, \\ x(0) = x_0 \end{cases}$$

を同時に満たす解が $x = x_0e^{-kt}$ に決まったことになる．初期値を与えて微分方程式の特殊解を求める問題を一般に**初期値問題**という．

問 6.2　C を任意定数として，$y = \sin x + C \cdot \cos x$ が (6.1) の一般解であることを確かめよ．さらに，初期条件「$x = \pi$ のとき $y = 2$」を満たす特殊解を求めよ．

問 6.3　C_1, C_2 を任意定数として，$y = C_1 e^x + C_2 e^{-3x} + e^{2x}/5$ が (6.2) の一般解であることを確かめよ．さらに，初期条件「$x = 0$ のとき $y = y' = 0$」を満たす特殊解を求めよ．

問 6.4　C_1, C_2 を任意定数として，$y = -\log|x + C_1| + C_2$ が (6.3) の一般解であることを確かめよ．さらに，初期条件「$x = 1$ のとき $y = 0, y' = -1$」を満たす特殊解を求めよ．

---

*3 初期値といっても，$t = 0$ のときの情報である必要はない．$t = t_0$ のときの値 $x(t_0)$ がわかっておればよい．

6.3　変数分離形

$$\frac{dy}{dx} = p(x)\,q(y) \tag{6.7}$$

のように右辺が分解した形の微分方程式を**変数分離形**と呼ぶ．$p(x)$ とは，x のみを含み y を含まない関数[*4]を意味する表示であり，$q(y)$ はその逆である．これを形式的に次の（6.8）のように変形する．

$$\frac{dy}{q(y)} = p(x)dx. \tag{6.8}$$

（6.7）を解いてみよう．（6.8）は形式的過ぎて意味がよくわからないが，

$$\frac{1}{q(y)} \cdot \frac{dy}{dx} = p(x) \tag{$*$}$$

ならよくわかる．そこで

$$Q(y) = \int \frac{dy}{q(y)}$$

と置いて x で微分してみると，第3章の連鎖律（3.13）より

$$\frac{d}{dx}Q(y) = \frac{d}{dy}Q(y) \cdot \frac{dy}{dx} = \frac{1}{q(y)} \cdot \frac{dy}{dx} = p(x)$$

となる．これは，$Q(y)$ が（x の関数として）$p(x)$ の原始関数だということを示しているから，次の結果が得られる[*5]．

変数分離形微分方程式の解法 6.5

（6.7）を形式的に変形した（6.8）の両辺の不定積分

$$\int \frac{dy}{q(y)} = \int p(x)\,dx \tag{6.9}$$

が実行できれば，このタイプの微分方程式は解ける．

[*4] x も y も含まない定数関数は $p(x)$, $q(y)$ のどちらにも含める．

[*5] 手短に言えば，($*$) の両辺を x で積分し，左辺に置換積分を適用しているのである．

例題 6.6　k を正の定数として，微分方程式

$$\frac{dx}{dt} = -kx$$

を解け．

解答　(6.9) より

$$\int \frac{dx}{x} = \int (-k)\,dt$$

となり，この不定積分を実行すると，c を任意定数として

$$\begin{aligned} \log|\,x\,| &= -\,kt + c, \\ |\,x\,| = e^{\,-kt+c} &= e^{\,c} \cdot e^{\,-kt}, \\ x &= \pm\, e^{\,c} \cdot e^{\,-kt} \end{aligned}$$

を得る．ここで改めて $\pm\, e^{\,c} = C$ と置けば一般解 $x = C\,e^{\,-kt}$ が得られる．第 3 章では天下り的に与えられていた解が，微分方程式をきちんと解くことによって得られた．■

例題 6.7　微分方程式

$$\frac{dy}{dx} = 1 - y^2$$

を解け．

解答　形式的に $dy/(1-y^2) = dx$ と変形できるので，

$$\begin{aligned} \int \frac{dy}{1-y^2} &= \int \frac{1}{2}\left(\frac{1}{1+y} + \frac{1}{1-y}\right) dy \\ &= \frac{1}{2}\left(\log|\,1+y\,| - \log|\,1-y\,|\right) \\ &= \frac{1}{2}\log\left|\frac{1+y}{1-y}\right| = x + c = \int dx \end{aligned}$$

を得る．従って

$$\frac{1+y}{1-y} = \pm\, e^{\,2x+2c} = C\,e^{\,2x}$$

を y について解いて，

$$y = \frac{C\,e^{2x} - 1}{C\,e^{2x} + 1}$$

が一般解である． ■

問 6.8　(6.3) の微分方程式を $dy/dx = z$ と置くことによって解け．このように，適当な置き換えによって変数分離形に帰着できる微分方程式が多くある．

6.4　1階線型微分方程式

y と y' に関して1次式 であるような

$$\frac{dy}{dx} + p(x)\,y = q(x) \tag{6.10}$$

というタイプの微分方程式を **1階線型微分方程式**という．特に右辺$=0$ のものを**斉次方程式**，$q(x)$ のことを**非斉次項**と呼ぶ．

「線型」の意味が取りにくいと思われるので説明を加えよう．「線型」とは比例関係を一般化（高次元化）した概念であり，「1次式」とほぼ同義である．$a(x) \neq 0$, $b(x)$, $c(x)$ を x の既知関数として，微分方程式

$$a(x)y' + b(x)y + c(x) = 0 \tag{6.11}$$

を考えよう．これは y と y' については1次式である．$a(x)$, $b(x)$, $c(x)$ は y も y' も含まないので，(6.11) には y^2 とか y'^3 などは一切出てこないからである．(6.11) の両辺を $a(x)$ で割って整理したのが (6.10) である．その解き方は次の通り．

STEP 1.　まず非斉次項 $q(x)$ のない場合である

$$\frac{dy}{dx} + p(x)\,y = 0 \tag{6.12}$$

を解く．これは前節で学んだ変数分離形になっているから容易に解くことができ，

$$\int \frac{dy}{y} = -\int p(x)\,dx$$

より

$$y = C\, e^{-\int p(x)\, dx} \tag{6.13}$$

が得られる．指数にある不定積分には任意定数をつけなくてよい．

STEP 2.　(6.13)において，任意定数 C を x の関数 $z = z(x)$ で置き換えてみる．さらに簡単のため

$$u = u(x) = e^{-\int p(x)\, dx}$$

と置けば，(6.13) は

$$y = zu$$

に変わる．これが (6.10) の解であるなら $z = z(x)$ がどのような関数でなければならないかを調べるのである．このように書くと唐突に感じるかもしれないが，u は (6.13) で $C = 1$ としたときの (6.12) の特殊解であり，それで (6.10) の任意の解 y を割って $y/u = z$ を作ってみただけのことである．

$$\frac{du}{dx} = -\,p(x)\, u$$

に注意して (6.10) に $y = zu$ を代入すると，

$$\begin{aligned} \frac{dy}{dx} + p(x)\, y &= \frac{dz}{dx} \cdot u + z \cdot \frac{du}{dx} + p(x) \cdot zu \\ &= \frac{dz}{dx} \cdot u - p(x) \cdot zu + p(x) \cdot zu \\ &= u \cdot \frac{dz}{dx} = q(x)\,. \end{aligned}$$

従って，

$$\frac{dz}{dx} = \frac{q(x)}{u} = q(x)\, e^{\int p(x)\, dx}$$

となる．あとはこれを不定積分して，

$$z = \int q(x)\, e^{\int p(x)\, dx}\, dx + C$$

より次の結果が得られる．

1 階線型微分方程式の解法 6.9

1 階線型微分方程式

$$y' + p(x)y = q(x)$$

の解は次のように表示される.

$$y = e^{-\int p(x)\,dx}\left\{\int q(x)\,e^{\int p(x)\,dx}\,dx + C\right\}. \qquad (6.14)$$

STEP 2 で任意定数 C を関数 $z(x)$ で置き換えたが，これは微分方程式の解法でしばしば用いられる方法であり，**定数変化法**と呼ばれる.

例題 6.10　微分方程式

$$y' + y = x^2$$

を解け.

解答　(6.10) において $p(x) = 1$, $q(x) = x^2$ の場合であるから，(6.14) より

$$\begin{aligned} y &= e^{-\int dx}\left\{\int x^2 e^{\int dx}\,dx + C\right\} \\ &= e^{-x}\left\{\int x^2 e^x\,dx + C\right\}. \end{aligned}$$

$\{\quad\}$ 内は部分積分を 2 回用いて，

$$\begin{aligned} \int x^2 e^x\,dx + C &= \int x^2 (e^x)'\,dx + C \\ &= x^2 e^x - 2\int x e^x\,dx + C \\ &= x^2 e^x - 2\,(x e^x - e^x) + C \\ &= (x^2 - 2x + 2)e^x + C \end{aligned}$$

となるから，一般解は

$$y = x^2 - 2x + 2 + Ce^{-x}$$

となる. ∎

問 6.11　微分方程式

$$y' - \frac{y}{x} = x^3$$

を解け．

線型性や線型構造は現代数学のキーワードのひとつである．線型性の意味については先に大雑把に説明した通りだが，それで線型微分方程式がなぜ重要なのかということがわかるわけではない．一言で言ってしまえば，線型微分方程式の解全体が，ベクトル空間という数学的にきれいな構造をもつということなのであるが，それについては次節で簡単に述べる．

6.5　2 階線型微分方程式

1 階線型微分方程式に対しては，一般解（6.14）は求積法によって得られた．2 階以上の線型微分方程式には求積法による解の表示式は存在しない．この節では一般の 2 階線型微分方程式ではなく，係数が定数の斉次方程式

$$\frac{d^2y}{dx^2} + p\frac{dy}{dx} + qy = 0 \tag{6.15}$$

を扱う．（6.15）には特別な解が存在する．

基本解の存在 6.12

（6.15）には次の『　』内の性質をもつふたつの解 y_1, y_2 が存在する．これを**基本解**と呼ぶ．

『（6.15）の任意の解 y は $y = C_1y_1 + C_2y_2$ の形に一意的に表せる．』

つまり，基本解 y_1, y_2 さえ見つかれば（6.15）の解全体がわかってしまう．これが線型構造のもつ魅力である[*6]．だから，我々は基本解を見出すことに集中できる．それを実行するに当たっては，指数関数解 $y = e^{\lambda x}$ が鍵を握っている．

*6 この脚注は線型代数学を学んだ読者に．（6.15）の解全体が 2 次元のベクトル空間になり，y_1, y_2 がその基底である．$C_1y_1 + C_2y_2$ のことを y_1, y_2 の線型結合といった．ロンスキーの行列式が恒等的に 0 でなければ y_1, y_2 が基底になることが知られている．

λ を定数として，$y = e^{\lambda x}$ を（6.15）の左辺に代入すると，

$$\frac{d^2y}{dx^2} + p\frac{dy}{dx} + qy = \lambda^2 e^{\lambda x} + p\lambda e^{\lambda x} + qe^{\lambda x}$$
$$= (\lambda^2 + p\lambda + q)e^{\lambda x}$$

となるから，λ が 2 次方程式

$$\lambda^2 + p\lambda + q = 0 \qquad (6.16)$$

の解なら $y = e^{\lambda x}$ が（6.15）の解になることがわかる．（6.16）を（6.15）の**特性方程式**という．これに関して次の結果が知られている．

2 階線型微分方程式の解法 6.13

定数係数斉次 2 階線型微分方程式（6.15）に対して，特性方程式（6.16）の解のあり方によって（6.15）の基本解はそれぞれ

- 異なるふたつの実数解 λ_1, λ_2 をもつなら $e^{\lambda_1 x}$ と $e^{\lambda_2 x}$,
- 重解 λ をもつなら $e^{\lambda x}$ と $xe^{\lambda x}$,
- 虚数解 $\lambda = \alpha \pm \beta i$ をもつなら $e^{\alpha x}\cos\beta x$ と $e^{\alpha x}\sin\beta x$

で与えられる．

注意 6.14 虚数解のときだけ三角関数が現れる理由は，第 4 章例 4.69 で学んだオイラーの公式からなんとなく想像がつく．$\lambda = \alpha \pm \beta i$ に対し，

$$e^{\lambda x} = e^{(\alpha \pm \beta i)x} = e^{\alpha x} \cdot e^{\pm i\beta x} = e^{\alpha x}(\cos\beta x \pm i\sin\beta x)$$

に注意して，この実部と虚部を取り出せばよい．一般に，実変数 x に対して複素数値を出力する関数 y を $y = y(x) = u(x) + iv(x)$ と記すとき，その微分を $y' = u' + iv'$ と定義する．このとき，y が（6.15）の解なら，実部 $u(x)$ と虚部 $v(x)$ も共に（6.15）の解であることがわかるからである（確かめよ）．$u(x) = e^{\alpha x}\cos\beta x$, $v(x) = e^{\alpha x}\sin\beta x$ が我々の場合に当たる．

例題 6.15　次の各微分方程式を解け．

(1) $y'' - 5y' + 4y = 0$　(2) $y'' + 4y' + 4y = 0$　(3) $y'' - 2y' + 5y = 0$

解答　2 階線型微分方程式の解法 6.13 の単なる計算練習に過ぎないが，基本解を $y_1(x)$, $y_2(x)$ としたとき，一般解が

$$y = C_1 y_1(x) + C_2 y_2(x)$$

になることをもう一度確認しておこう．

(1) 特性方程式 $\lambda^2 - 5\lambda + 4 = 0$ は異なるふたつの実数解 $\lambda = 1, 4$ をもつから，一般解は

$$y = C_1 e^x + C_2 e^{4x}\,.$$

(2) 特性方程式 $\lambda^2 + 4\lambda + 4 = 0$ は重解 $\lambda = -2$ をもつから，一般解は

$$y = e^{-2x}(C_1 + C_2 x)\,.$$

(3) 特性方程式 $\lambda^2 - 2\lambda + 5 = 0$ は虚数解 $\lambda = 1 \pm 2i$ をもつから，一般解は

$$y = e^x(C_1 \cos 2x + C_2 \sin 2x)\,.$$

■

6.6　微分方程式の作り方と数理モデル

微分方程式を身近に感じるための最も良い方法は，たぶん自分で微分方程式を作れるようになることである．この節では，自然現象をどのように微分方程式に表現するのかをみていくことにする．自然現象から本質的な法則性を抜き出して，それを数学という厳密で強力な言葉を使って記述することは，物理学のみならず生物学や経済学においても重要な分析手法であり続けている．「状態の変化」に関する法則性は微分方程式で記述されるのが普通である．そのように数学の言葉を使って記述された一種のシミュレーション・モデルを**数理モデル**という．

また，今までは与えられた微分方程式を求積法で解くことばかりを解説してきたため，「微分」方程式と言いながら，微分がちっとも出てこなかった．微分は，微分方程式を立てるときに使われるのである．

例 6.16（減衰振動） 第3章13節例3.94でバネの単振動を扱った．そこで現れた運動方程式（3.27）は

$$m\frac{d^2x}{dt^2} + kx = 0$$

であるから，学んだばかりの2階斉次線型微分方程式である．例3.94では解を天下り的に与えたが，我々は今やそれを導き出すことができる．この微分方程式の特性方程式（$m > 0$ は質量，$k > 0$ はバネ定数）

$$m\lambda^2 + k = 0$$

は虚数解

$$\lambda = \pm\sqrt{\frac{k}{m}}\,i$$

をもつから，一般解が

$$x(t) = C_1 \cos\sqrt{\frac{k}{m}}\,t + C_2 \sin\sqrt{\frac{k}{m}}\,t$$

となるのである．

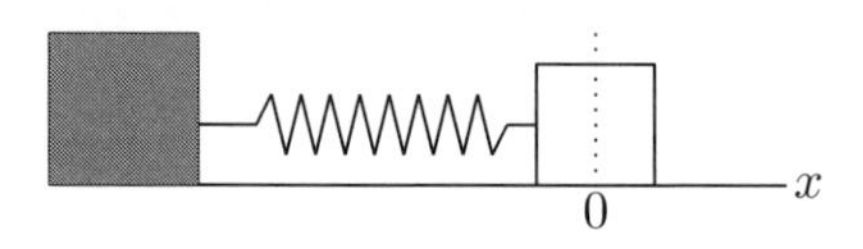

今度は空気抵抗や摩擦力などの**抵抗力**が無視できないとしよう．このような抵抗力は運動をしにくくするように働くから，速度の向きとは逆向きに働く．また，媒質中を進む物体と同じで，その速度が大きいほど大きな抵抗力を受ける．つまり，抵抗力の大きさは速さ $|dx/dt|$ に比例し，常に速度と逆向きに働くと考えられる．従って，その比例定数を $\xi > 0$ とすれば，運動方程式は

$$F = m\frac{d^2x}{dt^2} = -\xi\frac{dx}{dt} - kx$$

となる．移項して整理すると，

$$\frac{d^2x}{dt^2}+p\,\frac{dx}{dt}+qx=0$$

のように（6.15）と同じ形になる．ここで $p=\xi/m>0,\ q=k/m>0$ と置いた．この特性方程式

$$\lambda^2+p\lambda+q=0$$

が虚数解をもつとき，すなわち $p^2<4q$ のときを考えてみる．解は

$$\lambda=\alpha\pm\beta i \qquad \left(\alpha=-\frac{p}{2},\ \beta=\frac{\sqrt{4q-p^2}}{2}\right)$$

であるから，解法 6.13 より一般解は

$$x(t)=e^{\alpha t}(C_1\cos\beta t+C_2\sin\beta t)$$

となる．α, β および任意定数に具体的な値を与えて $x(t)$ のグラフを描いてみたのが下図である．

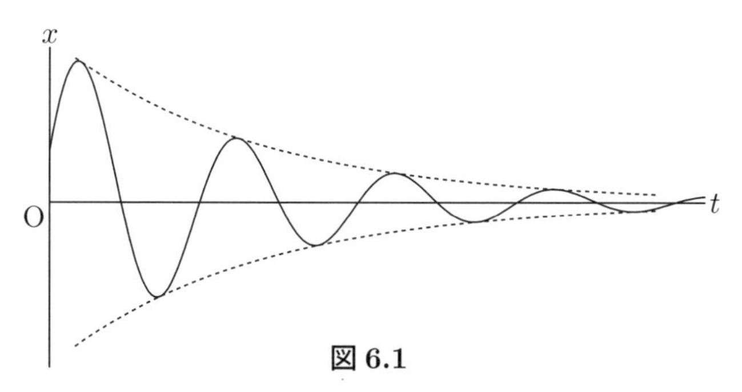

図 6.1

振幅が次第に減衰していく様子がわかるだろう．$\alpha<0$ なので，$x(t)$ の式の先頭についている $e^{\alpha t}$ が振幅を減衰させる因子になっている．これを**減衰因子**と呼ぶ．

$$\text{減衰因子がない} \iff p=0 \iff \text{運動方程式に}\ \frac{dx}{dt}\ \text{の項がない}$$

であり，このときの運動が単振動に他ならない．

問 6.17 図 6.1 の点線で表された曲線はどのようにして描いたのか説明せよ．

$p^2 > 4q$ および $p^2 = 4q$ のときは，$x(t)$ は振動せずに（単調）減少し，物体は無限の時間をかけて釣り合いの位置に戻る．これは，バネの力に比べて抵抗力の方が大きいときに生じる現象で，物体が粘性のある液体中を運動する場合などがその典型的な例である．

例 6.18（放射性崩壊） 放射性元素は時間とともに一定の割合で崩壊しながら安定な原子核に変わってゆく．時刻 t のときの放射性元素の原子核の総量を $N(t)$ と置くと，不安定な原子核は，どの瞬間にもどれかが一定の確率で選ばれていきなり崩壊してゆく．この確率は，半減期の長いものほど小さい値をとる[*7]．一定の確率だから，

崩壊する原子核の数は，その時点での $N(t)$ に比例

する．その比例定数を $\lambda > 0$ とし，t から極めて短い時間 Δt だけ経過したと考えよう．

$$N(t) - N(t + \Delta t)$$

がこの間に崩壊した原子核の数である．本当は Δt 間の各瞬間に一定の確率で崩壊しているのだが，Δt はすごく短いので，この間に崩壊する原子核の総量は，時刻 t の瞬間の崩壊数 $\lambda N(t)$ に Δt を掛けたものと考えても構わない．すなわち，

$$N(t) - N(t + \Delta t) \fallingdotseq \lambda N(t)\Delta t$$

である．ここから

$$\frac{N(t + \Delta t) - N(t)}{\Delta t} \fallingdotseq -\lambda N(t)$$

が得られ，両辺の極限をとれば，

$$\lim_{\Delta t \to 0} \frac{N(t + \Delta t) - N(t)}{\Delta t} = -\lim_{\Delta t \to 0} \lambda N(t)$$

*7 この確率は一般的に非常に小さい．だから，特定の原子核をずっと観察していてもなかなか崩壊しない．しかし，原子核はものすごくいっぱいあるので，全体としてはそこそこの数が観測される（ラザフォードの実験）．量子力学では，観測行為自体が観測対象の粒子の状態を変えてしまうので，すべては確率論的に記述される．

より，

$$\frac{dN(t)}{dt} = -\lambda N(t) \tag{6.17}$$

が得られる[*8]．これが放射性崩壊の根本にある微分方程式である．この微分方程式が変数分離形で，一般解が

$$N(t) = Ce^{-\lambda t}$$

であることは，ここまで読み進まれた読者にはもはや馴染みであろう．

例 6.19（ロジスティックモデル） 1798 年ロンドンで，匿名の著作『人口論』が出版された．この謎の著者こそが，イギリスの経済学者マルサス（1766–1834）その人であった．

時刻 t におけるある国の総人口を $x = x(t)$ とすると，時間幅 Δt の間の出生数も死亡数も，人口と Δt に比例すると考えたのである．したがって，出生数から死亡数を引いたものも人口と Δt に比例するから，Δt の間の人口の変化量を Δx とすると，$a > 0$ を比例定数として

$$\Delta x = \text{出生数} - \text{死亡数} = a \cdot x\,\Delta t$$

となる．$\Delta t \to 0$ の極限をとれば 1 階微分方程式

$$\frac{dx}{dt} = ax$$

になるわけである．最初の人口を $x(0) = x_0$ とすると，この微分方程式の解が $x = x_0 e^{at}$ であることはもはや言うまでもないであろう．

しかし，これでは人口は指数関数的に増加してしまい，時間経過とともに急速に実態とかけ離れていった．オランダの数理生物学者フェアフルスト（1804–1849）は，マルサスのモデルに欠けていた人口増加を抑制する因子を組み込むに当たって，人口の 2 乗に比例した抵抗が働く と考え，

$$\frac{dx}{dt} = ax - bx^2$$

[*8] 右辺の $\lambda N(t)$ は Δt に依らないので，極限の影響は全く受けない．

という微分方程式に修正した．これが**ロジスティック方程式**と呼ばれるものである．これも変数分離形であり，

$$\frac{dx}{x(a-bx)} = dt$$

の左辺を部分分数分解して不定積分

$$\int \frac{b}{a}\left(\frac{1}{bx} + \frac{1}{a-bx}\right)dx = \int dt$$

を実行すればよい．→第4章問4.40．$a = 2, b = 1$ の場合をやってみると，

$$\frac{x}{2-x} = Ce^{2t}$$

より

$$x(t) = \frac{2C}{C + e^{-2t}}$$

を得る．$C = 1$ に選んで描いた $x = x(t)$ のグラフが下図6.2である．確かに一種の飽和曲線を描いているのがわかる[*9]．

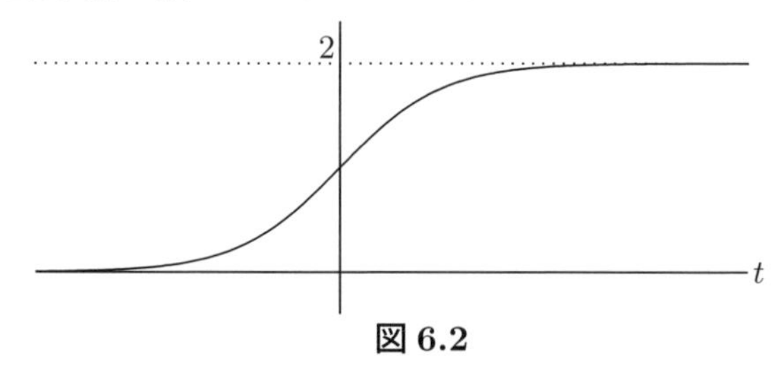

図 6.2

例 6.20（薬物動態モデル）

患者に投与された薬物は小腸管から吸収され，血流に乗って体の各部位に運ばれてそこでそれぞれの薬効を発揮する．その後，薬物は肝臓で代謝され，最終的には尿として排泄されるというプロセスを辿るわけであるが，そ

[*9] 現在の日本は人口減少社会である．人口飽和の後，減少に転じる数理モデルはどのように作ればよいだろうか．

の一連のプロセスのことを**薬物動態**と呼ぶ．薬物動態は，ほとんどの場合，時間ごとの薬物の血中濃度の測定データによって調べられる．

治療に当たって投薬量や投薬間隔などを決めるためにも，薬物動態を調べることが重要な役割を果たす．特に，人体の部位をコンパートメントと呼ばれる部屋に分けて薬物の流れを調べる数理モデルを**コンパートメントモデル**と呼ぶ．コンパートメントとは，その中では薬物濃度が均一になるような部位をまとめたものだと思えばよい．そのようなコンパートメントを n 個考えたものは n-コンパートメントモデルという．ここでは最も簡単な 1-コンパートメントモデルを考えよう．

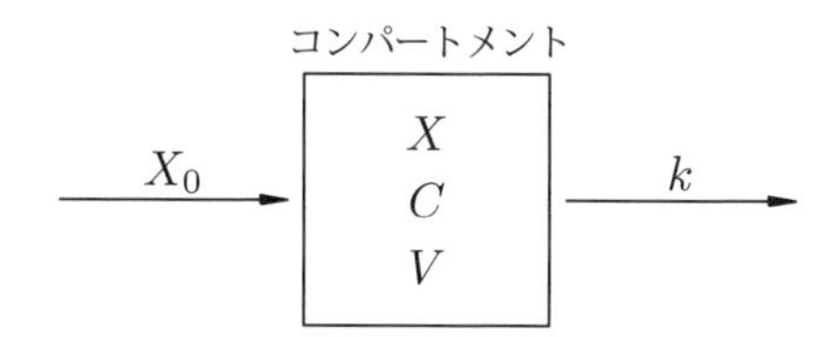

時刻 t での血中薬物量を $X = X(t)$，X_0 を投与量とする．X_0 はもちろんわかっているが，いったん投与された後の体内薬物量 X は時間が経てば経つほどわからなくなってゆく．しかし，血中濃度は測定できるから，それを $C = C(t)$ とする．V はコンパートメント内の血液の容積で，やはり不明なのであるが，後の計算をみればわかるように，不明なままで大丈夫なのである．k は 1 次消失速度定数という個人差のある定数である．これは実験等によって決定しなければならない．

例 6.18 で説明した放射性崩壊と同様に，X の変化速度はその時点での血中薬物量 X に比例すると考えられるから，(6.17) と同じ微分方程式

$$\frac{dX}{dt} = -kX \tag{6.18}$$

を満たす．もし投与が静脈注射によって行われるなら，血中薬物量は速やかに最大値に達するから，最初の投与量を X_0 とすれば，$t = 0$ のとき $X(0) = X_0$ であると考えてよい．このとき（6.18）の解は

$$X = X(t) = X_0\, e^{-kt}$$

であった（下図）.

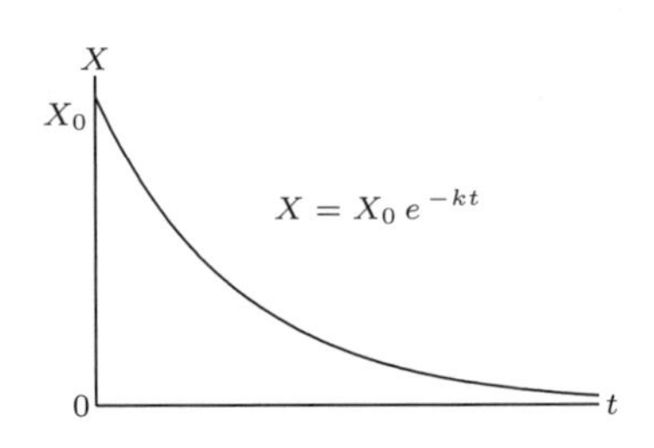

$$X = VC$$

が成り立つから，これと (6.18) より次式も得られる.

$$C = \frac{X}{V} = \frac{X_0}{V} e^{-kt} = C_0\, e^{-kt}$$

意味を考えれば，C_0 が初濃度（$t = 0$ での濃度）であることがわかるだろう.

さて一定時間 T の後，再び同じ量 X_0 を投与するとする．$t = T$ における血中薬物量は

$$X(T) = X_0\, e^{-kT}$$

である．そこに同時に新たな X_0 の投与を受けるから，$t = T$ での血中薬物量は

$$X_0\, e^{-kT} + X_0 = X_0\,(1 + e^{-kT})$$

となる．これを繰り返すと，自然数 n に対して $t = nT$ での血中薬物量は

$$X_0\,(1 + e^{-kT} + e^{-2kT} + e^{-3kT} + \cdots + e^{-nkT})$$

となる．上式の（　）内は初項 1，公比 e^{-kT} の等比数列の和なので

$$\begin{aligned} &= X_0\, \frac{1 - e^{-(n+1)\,kT}}{1 - e^{-kT}} \\ &\to \frac{X_0}{1 - e^{-kT}}\ (n \to \infty) \end{aligned} \tag{6.19}$$

を得る．投与回数が増えると，血中薬物量は次第に飽和値（6.19）に近づいてゆくわけである．この様子を表したものが次ページのグラフである.

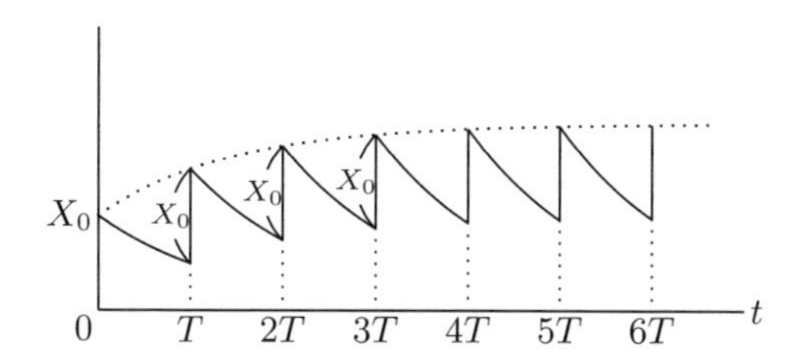

たとえば，医師が治療のために患者の血中濃度を最終的にある値に近づけたいと思ったとする．このとき，毎回の投与量を X_0 と決めるなら，投与間隔 T をどのくらいにすればよいかが (6.19) からわかる．逆に，投与間隔 T を先に決めておくなら，毎回の投与量 X_0 をどのくらいにすればよいかがやはり (6.19) から求まる[*10]．

[*10] 投与回数 n をあまり大きくするわけにはいかないので，実際にはほどほどの n でその値に近づかなければいけない．だからこの式をそのまま使うのは現実的ではない．

演習問題6

1 次の微分方程式を解け（変数分離形）[*11]．$k \neq 0$ は定数とする．

(1) $\dfrac{dx}{dt} = t\,x$　(2) $\dfrac{dy}{dx} = \dfrac{x}{y}$　(3) $\dfrac{dy}{dx} = \dfrac{y}{x}$　(4) $\dfrac{dx}{dt} = k\,x^2$

(5) $(1+x)\,y' + (1+y) = 0$　(6) $k\,(xy' + 2y) = xy$　(7) $y' + y\,\tan x = 0$

2 次の微分方程式を解け（1階線型）．$p \neq 0$, q は定数とする．

(1) $y' - y = \sin x$　(2) $xy' + y = x\log x$　(3) $y' - y = x$　(4) $y' + py = q$

(5) $xy' + y = x\,(1 - x^2)$　(6) $xy' + (1+x)\,y = e^{\,x}$

3 次の微分方程式を解け（2階線型）．

(1) $y'' + y' = 0$　(2) $y'' - 4y' + 4y = 0$　(3) $y'' - 4y' + 5y = 0$

4 微分方程式

$$\frac{dy}{dx} = \frac{y+x}{y-x} \tag{$*$}$$

を以下の誘導に従って解け．

(1) 右辺の分母分子を x で割り，$y/x =: u$ と置く．$y = ux$ を x で微分せよ．
(2) 以上の結果を元の微分方程式に代入して u に関する微分方程式を作れ．
(3) (2) の微分方程式（変数分離形）を解き，$u = y/x$ を戻して $(*)$ の解を求めよ．

$(*)$ を変形すると y/x だけを使った式になった．つまり，y/x をひとかたまりにして扱えるわけである．これを数学的に表現するなら，$(*)$ は φ をある関数として

$$\frac{dy}{dx} = \varphi\left(\frac{y}{x}\right)$$

という形をした微分方程式になっているのだが，これを**同次形**微分方程式と呼ぶ．

[*11] 求積法で解く場合は，導関数を含まない関係式が得られればそれで解けたと考えるので，必ずしも解を y について解いた形に表さなくてもよい．

5 次の微分方程式を解け（同次形）.

(1) $xyy' = x^2 + y^2$　　(2) $x^2 y' = y^2 + 2xy$

6 室温が 20°C に保たれている部屋で熱いコーヒーを淹れる．時間が t だけ経ったときのコーヒーの温度を $T = T(t)$ とすると，温度低下率 dT/dt は T と室温との差に比例するという．比例定数を $k > 0$ として以下の問に答えよ．

(1) T についての微分方程式を立てよ．

(2) $t = 0$ のとき $T = 90$°C であった．(1) を解いて T を求めよ．

(3) T が 90°C から 80°C まで下がるのにかかる時間 t_1 と，80°C から 70°C まで下がるのにかかる時間 t_2 との大小関係を， $T = T(t)$ のグラフから説明せよ．

7 質量 m の物体が，速度の 2 乗に比例した抵抗力を受けながら重力の下で落下する．$v(0) = 0$ の初期条件の下で運動方程式を解いて，物体の速度 $v(t)$ を求めよ．

8 **（級数解法）** 解の関数 $y = f(x)$ が $x = 0$ で

$$f(x) = c_0 + c_1 x + c_2 x^2 + \cdots = \sum_{n=0}^{\infty} c_n x^n \qquad (\sharp)$$

とベキ級数（→付録 B.3）に展開されると仮定する．このとき，収束域内で ($\sharp$) は何度でも項別微分できる．y を ($\sharp$) のように置いて，微分方程式

$$y' = y + x$$

を，「$x = 0$ のとき $y = 0$」の初期条件の下で解きたい．

(1) $c_0 = c_1 = 0$ および $c_2 = 1/2$ を示せ．

(2) $n \geqq 2$ に対して漸化式

$$(n+1)\, c_{n+1} = c_n$$

が成り立つことを示せ．

(3) 解が $y = e^x - 1 - x$ であることを示せ．

付録 A
三角関数

A.1　三角比

古代においては農事暦を作るためにも占星術のためにも，後の時代においては航海術のためにも，天体観測は非常に重要な事業であった．三角法は，その天文測量のための必須の道具として編み出されたものである．ヘレニズム期の大数学者・天文学者プトレマイオス（85?–165?）が作成した円の弦表が，インド・アラビアを経由して 12 世紀に西欧世界に戻った後，16 世紀ドイツの数学者レティクス（1514–1574）[*1]によって，今日のような直角三角形の辺の比に基づく定義が完成した．

三角比の定義 A.1

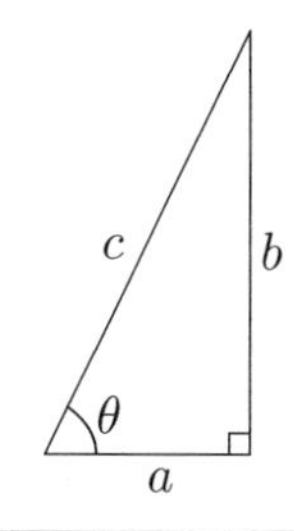

左のような直角三角形において，

$$\sin\theta = \frac{b}{c}, \quad \cos\theta = \frac{a}{c}, \quad \tan\theta = \frac{b}{a}\left(= \frac{\sin\theta}{\cos\theta}\right)$$

と定める．もちろん $0^\circ < \theta < 90^\circ$ である．

[*1] あまり知られていないが，この人は地動説を述べたコペルニクスの論文を世に知らしめるために尽力した人物として歴史上重要な位置を占めている．

問 A.2　次の等式が成り立つことを証明せよ．(1) は三平方の定理に他ならない．

(1) $\sin^2\theta + \cos^2\theta = 1$　　(2) $1 + \tan^2\theta = \dfrac{1}{\cos^2\theta}$

A.2　三角関数あるいは円関数

さらに時代が下ると，物体の運動を実験や観察に基づいて詳しく分析したいという欲求に駆られる人たちが続々と現れてくる．最も彼らの興味を惹いたもののひとつが 周期運動，つまり波で表現される運動 である．そこで自然に等速円運動がクローズアップされる．

下図 A.1 のような単位円周上を回る点 P があり，点 (1, 0) から測った回転角を θ として，P の座標を θ の関数として表すことを考える．

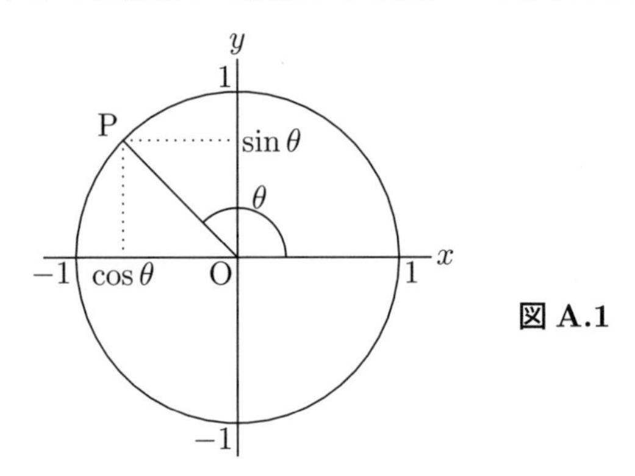

図 A.1

関数 sin と cos の定義 A.3

点 P が単位円周上のどこにあっても，その座標が

$$\mathrm{P}\,(\cos\theta,\ \sin\theta) \tag{A.1}$$

であるとすることによって，回転角 θ の関数 **sin** と **cos** を定義する．

この sin, cos と定義 A.1 の sin, cos との関係をみておこう．$\mathrm{P}\,(x,\ y)$ が第 1 象限にあるときを考えると，定義 A.1 の図と同じような三角形が現れ，

その定義によって

$$\cos\theta = \frac{x}{1} = x\,,\ \sin\theta = \frac{y}{1} = y$$

となるから，第 1 象限では確かに（A.1）となっていることがわかる．つまり，（A.1）は三角比の定義 A.1 の自然な拡張になっているのである．三角関数は円関数と呼ぶ方がふさわしい，という意見があるのも頷けるであろう．

これを受けて tan についても次の定義を置く．

関数 tan の定義 A.4

点 P が単位円周上のどこにあっても，

$$\tan\theta = \frac{\sin\theta}{\cos\theta} = \frac{\text{P の } y \text{ 座標}}{\text{P の } x \text{ 座標}}$$

によって関数 **tan** を定義する．

注意 A.5　$\tan\theta$ の定義からわかるように，P の x 座標が 0 になるような回転角 θ に対しては $\tan\theta$ は定義されない（値をもたない）．

A.3　一般角と弧度法

さて，前節で改めて sin, cos, tan の定義はしたものの，点 P は円周上をぐるぐる回るのだから，その回転角 θ をどのように測ったらよいか，という問題が生ずる．よくご存知の読者が多いと思うが，次のふたつの約束の下に**一般角**というものを定義する．

- 反時計回りが正の向き，時計回りが負の向きとして，回転角に符号をつける．
- 丸 1 回転して点 P が元の位置に戻っても回転角は御破算にせず，累積して考える．

たとえば，反時計回りに 2 回転すれば 720°，時計回りに 3 回転すれば −1080° というように測る．ただし，この ° という単位はこれからする弧度法の説明以後は使わない．

それに比べて**弧度法**は数学的にやや深い概念なので，詳しく説明しよう．本節では，関数の独立変数に x ではなく回転角 θ を用いて，三角関数 $y = \sin\theta, \cos\theta, \tan\theta$ を考察する．関数であれば入力 θ は実数でなければならないが，$90°$ のように分度器で測った角度は実数だろうか．1 回転が $360°$ だとか 1 時間が 60 分であるというのは古代バビロニアで使用された 60 進法の産物であり，数直線上にある実数とは全く異なる方法で測られたものである[*2]．数直線上の実数は抽象的な無名数であり，単位をもたない．1 は抽象的な 1 であって，1cm や $1°$ のことではない．回転角を，分度器ではなく，実数として測る方法を考えない限り，微分や積分の対象となる関数にはならないのである．

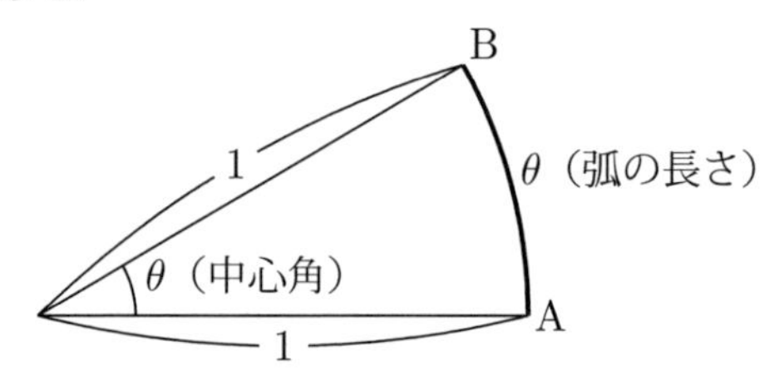

点 P が回っている単位円の半径 1 は実数である[*3]．従って，上図の弧の長さも実数である．そこで，**弧 AB の長さが θ だったら対応する中心角も θ と呼ぶことにしよう**，と決めるのである．弧の長さで角度を測る方法なので弧度法という．θ はもともと単位円周上の弧の長さなのだから間違いなく実数である．このようにして得られた弧度に，一般角の規約を適用すれば，θ は実数（数直線）全体を動く変数となるのである．また，この測り方では，θ は弧の長さであると同時に，対応する中心角でもあるというように二重の意味を有することになるから，どちらの意味で使っているのか混乱が起きな

[*2] なぜ我々の生活の中に一部 60 進法が混じっているのかというのは興味深い問題である．あまり知られていないが，フランス革命は過去の遺物をすべて非合理として退けようとしたために，1 時間を 100 分とするような 10 進法を全面的に採用したのだが，あまりの使いづらさに彼ら自身が降参して数年で 60 進法に戻したという経緯がある．

[*3] 単位円は座標平面上の原点を中心として，横軸の 1 を通っている．その座標の 1 が半径である．

いように，中心角を表すときだけ**ラジアン**という単位をつける．ただ，以後ほとんど中心角を指すことになるので，誤解の恐れがない限りラジアンは省略する．

例 A.6　単位半円周の長さは π ゆえ，$180° = \pi$ ラジアン となる．一般に $x°$ が θ ラジアンになるとすると，比例式 $x° : 360° = \theta : 2\pi$ より

$$\theta = \frac{\pi}{180}x$$

という関係を得る．

問 A.7　1 ラジアンは度数では何度か．

問 A.8　次の角度について，度数は弧度に，弧度は度数に書き直せ．

(1) $135°$　(2) $405°$　(3) $-60°$　(4) $\pi/4$　(5) $13\pi/6$　(6) $-3\pi/5$

注意 A.9　弧度には必ず π がつくと思いこんでいる人が非常に多くいるようである．弧度が由来している弧の長さが 1 や 2 であってもちっとも変ではないから，$\sin 1$ や $\cos(-2)$ は不思議でもなんでもない．

A.4　三角関数のグラフ

単位円周上の動点 P は 1 回転すると元の場所に戻るから，$\sin\theta, \cos\theta$ の値は再び最初の繰り返しになる．すなわち，

$$\sin(\theta + 2\pi) = \sin\theta,\ \cos(\theta + 2\pi) = \cos\theta$$

である．これを一般化すると，$n = 0, \pm1, \pm2, \cdots$ に対し

$$\sin(\theta + 2n\pi) = \sin\theta,\ \cos(\theta + 2n\pi) = \cos\theta$$

となる．このことを，$\sin\theta, \cos\theta$ は周期 2π の**周期関数**であると表現する．関数が周期をもつというのは，本書では三角関数にしかみられない特異な性質である．従って，横軸に回転角 θ，縦軸に sin, cos の値をとって $y = \sin\theta$ と $y = \cos\theta$ のグラフを描くとき，$0 \leqq \theta \leqq 2\pi$ の区間だけを調べれば十分なのである．

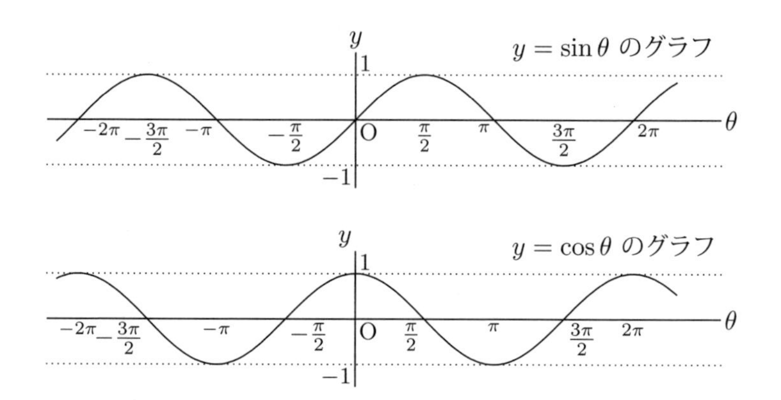

例題 A.10　次の等式が成り立つことを示せ.

$$\sin\left(\theta + \frac{\pi}{2}\right) = \cos\theta, \quad \cos\left(\theta + \frac{\pi}{2}\right) = -\sin\theta.$$

解答　$\sin\theta$ と $\cos\theta$ のグラフを一緒に描くと次のようになる.

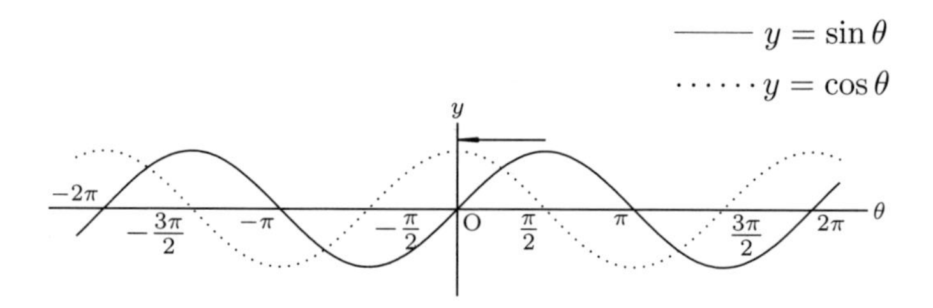

$y = \sin\theta$ のグラフを左方向に $\pi/2$ だけ平行移動すれば，ぴったり $y = \cos\theta$ のグラフに重なる．これが第 1 の等式の意味するところである．$y = \cos\theta$ のグラフをさらに左方向に $\pi/2$ だけ平行移動すれば，$y = \sin\theta$ を上下逆さまにしたグラフ，すなわち $y = -\sin\theta$ のグラフになる．これが第 2 の等式である. ∎

例題 A.11　次の等式が成り立つことを示せ.

$$\sin(-\theta) = -\sin\theta, \quad \cos(-\theta) = \cos\theta\,.$$

解答　第 1 式は $y = \sin\theta$ のグラフが原点に関して点対称であることの，第 2 式は $y = \cos\theta$ のグラフが y 軸に関して線対称であることの数式による表現である. ∎

$y = \tan\theta$ のグラフは sin, cos に比べると少しわかり難い.

$$\tan\theta = \frac{\sin\theta}{\cos\theta}$$

のように分母分子が同時に動いてしまうからである．次の図のように考えるといくぶん考えやすい．点 P が第 1 象限にあるとき，

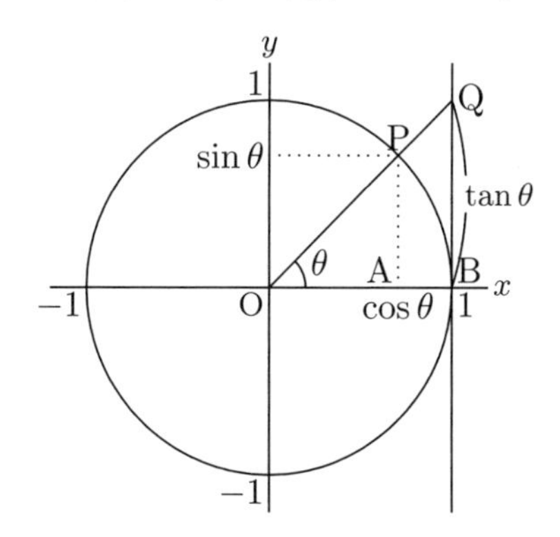

$$\mathrm{BQ} = \frac{\sin\theta}{\cos\theta} = \tan\theta$$

となる．点 P が他の象限にあるときは，$\sin\theta$, $\cos\theta$ の符号を考慮することによって上の議論はそのまま適用でき，$\tan\theta$ の値を辺 BQ の（符号つき）長さとして表すことができる．これを基に $y = \tan\theta$ のグラフを描くことができる．点線は直線 $y = x$ のグラフである（次ページ図).

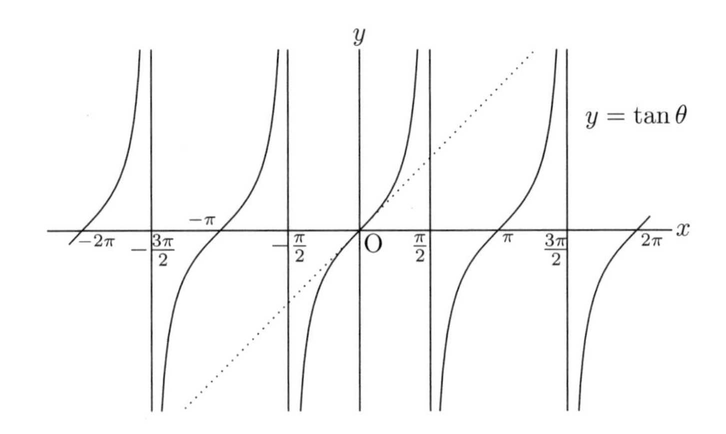

A.5　加法定理

$\sin\alpha$ や $\cos\alpha$ がわかっているとき，それを使って $\sin 2\alpha$ や $\cos 3\alpha$ が簡単に求められたら便利である．アルキメデスもそれを使って正 48 角形や正 96 角形の周の長さを計算したらしいことがわかっている．それらを一般的に述べたものが今日知られるいわゆる加法定理である．

三角関数の加法定理 A.12

任意の α, β に対して次の等式が成り立つ（tan が存在しない角は除く）．

$$\sin(\alpha \pm \beta) = \sin\alpha\cos\beta \pm \cos\alpha\sin\beta,$$
$$\cos(\alpha \pm \beta) = \cos\alpha\cos\beta \mp \sin\alpha\sin\beta,$$
$$\tan(\alpha \pm \beta) = \frac{\tan\alpha \pm \tan\beta}{1 \mp \tan\alpha\tan\beta}.$$

証明　第 4 章例 4.69 参照．　∎

加法定理はどんな α, β に対しても成り立つので，特に $\beta = \alpha$ と置いてみると次の倍角公式が得られる．

倍角公式 A.13

任意の α に対して次の等式が成り立つ（tan が存在しない角は除く）.

$$\sin 2\alpha = 2\sin\alpha\cos\alpha,$$
$$\cos 2\alpha = \cos^2\alpha - \sin^2\alpha = 2\cos^2\alpha - 1 = 1 - 2\sin^2\alpha,$$
$$\tan 2\alpha = \frac{2\tan\alpha}{1-\tan^2\alpha}.$$

A.6　積和の公式

積和の公式 A.14

任意の α, β に対して次の等式が成り立つ.

$$\sin\alpha\cos\beta = \frac{1}{2}\left\{\sin(\alpha-\beta)+\sin(\alpha+\beta)\right\},$$
$$\sin\alpha\sin\beta = \frac{1}{2}\left\{\cos(\alpha-\beta)-\cos(\alpha+\beta)\right\},$$
$$\cos\alpha\cos\beta = \frac{1}{2}\left\{\cos(\alpha-\beta)+\cos(\alpha+\beta)\right\}.$$

証明

$$\cos(\alpha-\beta) = \cos\alpha\cos\beta + \sin\alpha\sin\beta \qquad \cdots ①$$
$$\cos(\alpha+\beta) = \cos\alpha\cos\beta - \sin\alpha\sin\beta \qquad \cdots ②$$

$$① - ② : \sin\alpha\,\sin\beta = \frac{1}{2}\left\{\cos(\alpha-\beta)-\cos(\alpha+\beta)\right\},$$
$$① + ② : \cos\alpha\cos\beta = \frac{1}{2}\left\{\cos(\alpha-\beta)+\cos(\alpha+\beta)\right\}.$$

まったく同じ要領で sin に関する加法定理を使えば，もうひとつの積和の公式も得られる. ∎

付録 B

ベキ級数

第 4 章で解説したテイラー展開について，少しでも正確に理解してもらうために，高等学校で学んだ数列の復習も含めて，ベキ級数に関する最低限度の予備知識を簡単にまとめておく．

B.1　数列の極限

数列とは文字通り実数の列のことである．数列を一般的に表すには

$$a_1,\, a_2,\, a_3, \cdots, a_n, \cdots \tag{B.1}$$

のように表示する．$\{a_n\}$ とか $\{a_n\}_{n\in\mathbb{N}}$ と書けば（B.1）を書いたのと同じ意味になる．$\mathbb{N}$ は自然数全体の集合を表す世界共通の記号である．a_n をこの数列の一般項というが，その後の $\cdots$ は，この数列がこの先も無限に続くことを意味する．このように，本書で数列といえば自動的に無限数列を指す．

大切なのは，数列の各項がひとつに決まる仕組みを与えることである[*1]．このようなとき，**数列が定義された**という．

[*1] 一般項を数式で与えるのが最も直接的な方法であるが，漸化式によって数列の各項を帰納的に決めてゆくのも仕組みの与え方のひとつである．また，仕組みは数式で与えなければいけないというものでもない．

例 B.1　第 3 項までを 1, 2, 3 と指定しても数列は定義されない．項のいくつかを具体的に書いておいて，空欄にはどんな数が入るかと問うクイズがあるが，「そんな問題には答えようがない」というのが数学的には正しい．一般項 $a_n = n$ を与えて初めて $a_4 = 4,\ a_5 = 5, \cdots$ と決まる．一般項が

$$b_n = \frac{1}{\sqrt{5}}\left\{\frac{3+\sqrt{5}}{2}\left(\frac{1+\sqrt{5}}{2}\right)^{n-1} - \frac{3-\sqrt{5}}{2}\left(\frac{1-\sqrt{5}}{2}\right)^{n-1}\right\}$$

で定義される数列 $\{b_n\}$ も第 3 項までは 1, 2, 3 である．しかし $b_4 = 5$ である．

問 B.2　$\{b_n\}$ の第 4 項までが 1, 2, 3, 5 であることを確かめよ．つづきは $b_5 = 8, b_6 = 13, \cdots$ である．この数列 $\{b_n\}$ の定義の仕組みを言葉で述べよ．

問 B.3　一般項が $c_n = n^3 - 6n^2 + 12n - 6$ で定義される数列 $\{c_n\}$ の第 3 項までが 1, 2, 3 であることを確かめよ．$c_4 = 10$ である．$d_n = -5n^3 + 30n^2 - 54n + 30$ で定義される $\{d_n\}$ も最初の 3 項は 1, 2, 3 である．d_4 はいくつか．

問 B.4　前問でみたように，一般項が n の 3 次多項式（整式）であるような数列で，最初の 3 項が 1, 2, 3 になるものを無数に作りだすことができる．その原理を明らかにせよ．

問 B.5　一般項が n の 2 次多項式で，最初の 3 項が 1, 2, 3 であるようなものは存在しないことを証明せよ．

番号 n が果てしなく大きくなるとき，a_n が一定値 α に際限なく近づくなら，数列 $\{a_n\}$ は α に**収束する**といい，α を**極限値**と呼ぶ．また，このことを記号で

$$\lim_{n\to\infty} a_n = \alpha \quad とか \quad a_n \to \alpha\ (n \to \infty)$$

と書く．収束しないときは**発散する**という[*2]．

例 B.6　$x_n = \sin(\pi/n),\ y_n = \sin n\pi,\ z_n = \sin(n\pi/2)$ とすると，$\{x_n\}$ と $\{y_n\}$ は共に 0 に収束するが，様相はかなり異なる．$\{y_n\}$ は全ての項が 0 である．このような定数列も 0 に収束すると考える．$\{z_n\}$ は発散する．

[*2] 発散の様子をさらに細かく分けて表現することがあるが，本書ではその必要はない．

例 B.7（自然対数の底 e）　第 3 章 6 節参照.

$$\lim_{n\to\infty}\left(1+\frac{1}{n}\right)^n = e.$$

問 B.8　高等学校で数学 III を学んでいて，極限の扱いに慣れている読者は次の事実を証明してみよ.

$$\lim_{n\to\infty}\left(1-\frac{1}{n^2}\right)^n = 1\,.$$

B.2　無限級数

数列 $\{a_n\}$ を無限に足し続けていった

$$\sum_{n=1}^{\infty} a_n = a_1 + a_2 + a_3 + \cdots + a_n + \cdots \tag{B.2}$$

を**無限級数**という．無限に足し続けることは誰にもできないので，これは形式的な物言いに過ぎない.「無限に足す」ことを数学的には次のように定義する．$n = 1, 2, 3, \cdots$ に対して

$$S_n = a_1 + a_2 + \cdots + a_n$$

と置くとき，S_n を**第 n 部分和**と呼ぶ．すると，数列 $\{S_n\}$ ができる．この数列が収束するとき，無限級数（B.2）は**収束する**と定義する．そして，$\lim_{n\to\infty} S_n = S$ なら

$$\sum_{n=1}^{\infty} a_n = S$$

と書いて，無限級数（B.2）の和は S であるという．数列 $\{S_n\}$ が発散するときは対応する無限級数（B.2）も**発散する**という.

例 B.9　一般項が $a_n = (1/2)^n$ の等比数列から作られる無限級数は収束して和 1 をもつ．なぜなら,

$$S_n = \frac{1}{2} + \left(\frac{1}{2}\right)^2 + \cdots + \left(\frac{1}{2}\right)^n = 1 - \left(\frac{1}{2}\right)^n$$

なので，$\lim_{n\to\infty} S_n = 1$ だからである．等比数列から作られる無限級数は特に**無限等比級数**と呼ばれる． ∎

例 B.10　無限級数

$$1 + \frac{1}{2} + \frac{1}{3} + \cdots + \frac{1}{n} + \cdots$$

は発散するが，

$$1 + \frac{1}{2^2} + \frac{1}{3^2} + \cdots + \frac{1}{n^2} + \cdots$$

は収束して和 $\pi^2/6$ をもつ．一般に，

$$\zeta(s) := \sum_{n=1}^{\infty} \frac{1}{n^s} = 1 + \frac{1}{2^s} + \frac{1}{3^s} + \cdots + \frac{1}{n^s} + \cdots$$

は $s > 1$ に対して収束する．これを変数 s の関数とみて**リーマンのゼータ関数**という．$\zeta(3)$ は無理数であること以外わかっていない．

B.3　関数項級数

数列の代わりに関数列 $\{f_n(x)\}_{n\in\mathbb{N}}$ から作られる形式的な無限和

$$\sum_{n=1}^{\infty} f_n(x) \tag{B.3}$$

のことを**関数項級数**という．ここで，変数 x に具体的な値を代入すると，そのたびに（B.2）の形の無限級数が得られる．実数のある区間 I をとったとき，I のどんな値 x に対しても（B.3）が収束するなら，各 x にそのときの和を対応させることによって I 上の関数 $f(x)$ が定義される．この $f(x)$ を**極限関数**と呼んで，

$$\sum_{n=1}^{\infty} f_n(x) = f(x) \qquad (x \in I)$$

のように書き表すのである．

ところで，高等学校で学んだ数列や無限級数は $n = 1$ から始まっていたが，大学では $n = 0$ から始めることの方が多い．特に関数項級数の一種であるベキ級数は $n = 0$ から始める習わしである．第4章で学んだテイラー級数もこの形で記述される．

関数項級数で，特に $f_n(x) = a_n(x-a)^n$ の場合の（B.3）

$$\sum_{n=0}^{\infty} a_n(x-a)^n$$

を，$\{a_n\}$ を係数とする $x = a$ 中心の**ベキ級数**と呼ぶ．

例 B.11　$f_n(x) = x^n$ のとき，部分和は

$$\sum_{k=0}^{n} f_k(x) = 1 + x + x^2 + \cdots + x^n = \frac{1-x^{n+1}}{1-x}$$

となるので，右辺は $|x| < 1$ なら $n \to \infty$ のとき収束して極限値

$$\frac{1}{1-x}$$

をもつ．従って，ベキ級数として

$$\sum_{n=0}^{\infty} x^n = \frac{1}{1-x} \quad (|x| < 1)$$

となる．右辺が極限関数である．

例 B.12　a を含む区間 I で無限回微分可能な関数 $f(x)$ があるとき，

$$f_n(x) = \frac{f^{(n)}(a)}{n!}(x-a)^n$$

として形式的に構成したベキ級数

$$\sum_{n=0}^{\infty} f_n(x) = \sum_{n=0}^{\infty} \frac{f^{(n)}(a)}{n!}(x-a)^n$$

を f から作った**テイラー級数**という．テイラー級数が I で収束して極限関数をもつのか，その極限関数は $f(x)$ に一致するのか，というのは議論を要

する問題である．第 4 章で論じたテイラー展開は，テイラー公式の剰余項を評価して得られるものなので，原理的には別問題ということになる．しかし，この話が必要以上にややこしくならないのは，ベキ級数には以下で述べるようなとても良い性質が備わっているからである．

定義 B.13　ベキ級数

$$\sum_{n=0}^{\infty} a_n(x-a)^n \tag{B.4}$$

に対して，$|x-a|<R$ なら収束し[*3]，$|x-a|>R$ なら発散するような正の実数 R が定まることが知られている[*4]．この R を（B.4）の**収束半径**，$|x-a|<R$ を**収束域**と呼ぶ．

ベキ級数の項別微分・項別積分 B.14

（B.4）が収束域で定義する極限関数

$$\sum_{n=0}^{\infty} a_n(x-a)^n = f(x) \tag{B.5}$$

はそこで無限回微分可能であり，その導関数の系列

$$f'(x),\, f''(x),\, \cdots,\, f^{(n)}(x), \cdots$$

は（B.5）左辺を項別に微分して得られる．また，収束域内で f を積分するときも項別に積分できる．

この性質によって，ベキ級数で定義される関数は，その収束域において

$$f'(x) = a_1 + 2a_2(x-a) + 3a_3(x-a)^2 + 4a_4(x-a)^3 + \cdots,$$
$$f''(x) = 2a_2 + 3\cdot 2a_3(x-a) + 4\cdot 3a_4(x-a)^2 + \cdots,$$

等々と項別微分できるので，$n = 0, 1, 2, 3, \cdots$ に対して

---

*3 数学的には「広義一様かつ絶対収束」と呼ばれる収束である．この収束をする関数項級数はとりわけ良い性質をもつ．

*4 全ての x に対して収束するときは $R=\infty$，$x=a$ 以外の x で発散するときは $R=0$ と定める．

$$a_n = \frac{f^{(n)}(a)}{n!}$$

となることがわかる．従って，極限関数として $f(x)$ を定義したベキ級数は，他ならぬ f のテイラー級数であったことが結論される．→第 4 章例 4.70.

最後に収束半径の求め方を述べて締めくくりとしよう．

収束半径の求め方 B.15

ベキ級数

$$\sum_{n=0}^{\infty} a_n (x-a)^n$$

に対して，極限値

$$\lim_{n\to\infty} |a_{n+1}/a_n| = A \quad \text{または} \quad \lim_{n\to\infty} \sqrt[n]{|\,a_n\,|} = A$$

が存在するならば，その収束半径 R は $R = 1/A$ で与えられる．$A = 0$ のときは $R = +\infty$ となる．

例 B.16　ベキ級数

$$1 + \frac{1}{1!}x + \frac{1}{2!}x^2 + \cdots + \frac{1}{n!}x^n + \cdots \tag{B.6}$$

は $a_n = 1/n!$ の場合であるから，

$$\lim_{n\to\infty} \left| \frac{a_{n+1}}{a_n} \right| = \lim_{n\to\infty} \left| \frac{1}{n+1} \right| = 0$$

となり，収束半径 R は $+\infty$，すなわち全ての x に対して（B.6）は収束する．第 4 章例 4.62 より，（B.6）は関数 $f(x) = e^x$ のテイラー展開であった．

注意 B.17　定義域の各点で収束半径が 0 でないベキ級数に展開できる関数は解析関数と呼ばれる．実験科学で現れるような，自然現象を記述する関数は全て解析関数と思ってよい．だから，実験科学に携わっている読者は，心配しないで大胆に計算を進めて構わない．

問・演習問題の解答

【第1章】

問 1.1　a と b の中点 $c = (a+b)/2$ は作り方から有理数である．a と c の中点も同様に有理数である．こうして次々に中点をとって得られる有理数は無限に作り出すことができ，かつ全て a と b の間にある．
問 1.2　背理法で証明する．AC の長さを x と置くと，三平方の定理より $x^2 = 1^2 + 1^2 = 2$ が成り立つ．もし x が有理数なら，自然数 m, n を用いて $x = n/m$ と表せる．これを代入すると $n^2 = 2m^2$ となるが，この両辺を素因数分解して 2 の指数を比べると，左辺は偶数，右辺は奇数となって，素因数分解の一意性に反する．
問 1.4　(1) $y = 2x - 1$ (2) $y = 1/\sqrt{x}$

【第2章】

問 2.5　略．
問 2.6　(1) (i) より $a^0 \cdot a^0 = a^{0+0} = a^0$ であり，(v) によって $a^0 > 0$ が保証されているので両辺を a^0 で割ればよい．(2) (i) より $a^1 \cdot a^{-1} = a^{1-1} = a^0 = 1$ となる．(1) の結果を早速使っている．これは a と a^{-1} が互いに逆数であると主張している．後半は (i) で $y = -x$ と置けばよい．(3) (iii) より $(a^{1/n})^n = a^1 = a$ であるから，$a^{1/n}$ は n 乗したら a になる正の数である．同様に，$a^{m/n}$ は n 乗したら a^m になる正の数．
問 2.9　$a^{m/n} = (a^m)^{1/n}$ と考えれば $= \sqrt[n]{a^m}$ であり，$a^{m/n} = (a^{1/n})^m$ と考えれば $= \sqrt[n]{a}^m$ となる．
問 2.11　(1) $\sqrt{2}/2$ (2) 25 (3) 16 (4) 2 (5) 2
問 2.12　$(-1)^x$ で $x = 1/2$ とすれば虚数単位 i が出てしまう．我々の関数は実数を入力し，実数を出力するものであった．従って，これは我々の扱う関数ではなくなる（微分積分学の先にある複素関数の世界ではこのようなものも関数として扱われる）．

問 2.13

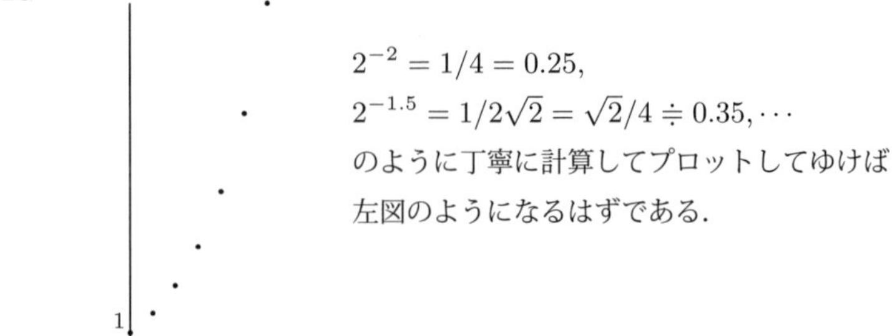

$2^{-2} = 1/4 = 0.25$,
$2^{-1.5} = 1/2\sqrt{2} = \sqrt{2}/4 \fallingdotseq 0.35, \cdots$
のように丁寧に計算してプロットしてゆけば
左図のようになるはずである.

問 2.14　$y = (1/2)^x = 2^{-x}$ であるから.

問 2.15　$0.9^1 = 0.9$, $0.9^2 = 0.81$, $0.9^3 = 0.729, \cdots$.

問 2.18　(1) $x = (y+1)/2$ (2) $x = \sqrt{y}$

問 2.21　(1) -2 (2) -4 (3) $2/3$ (4) -2 (5) 0

演習問題 2

1　「1 割」というときの全体集合が毎年減ってゆくのだから正しくないのは当たり前である．最初の村人の数を x 人とすると，1 年後に残っているのは $0.9x$ 人．その 1 年後に残っているのは 0.9^2x 人．10 年後に残っているのは $0.9^{10}x \fallingdotseq 0.35x$ 人である．3 割強の村人が 10 年後も残っているのである．

2　(1) 1.25×10^2 (2) 7.02×10^{-6} (3) 1.5×10^{-3}

3　(1) 1 (2) 1

4　(1) 5 (2) 1/27

5　(1) $a + 2b$ (2) $2(1-a)$ (3) $(a-b)/2$ (4) $-(2a+b)/2$ (5) $1/a$ (6) $(1-a)/b$ (7) $-a/b$ (8) $2(a-1)/3a$

6　$x = 3$, $y = 9$

7　$[H^+] = 10^{-2.7} = 10^{0.3-3}$ と考える．答は 2×10^{-3} .

【第 3 章】

問 3.5　$f(x) = c$ では

$$\lim_{h \to 0} \frac{f(a+h) - f(a)}{h} = \lim_{h \to 0} \frac{c - c}{h} = \lim_{h \to 0} 0 = 0.$$

$f(x) = x^3$ では

$$= \lim_{h \to 0} \frac{(a+h)^3 - a^3}{h} = \lim_{h \to 0} \frac{3a^2h + 3ah^2 + h^3}{h} = \lim_{h \to 0} (3a^2 + 3ah + h^2) = 3a^2.$$

問 3.11　略.

問 3.12　$n=1$ のとき $(x^1)'=1x^0=1$ となって正しい．n まで正しいと仮定すると，$(x^{n+1})'=(x^n\cdot x)'=(x^n)'x+x^n(x)'=nx^{n-1}\cdot x+x^n\cdot 1=(n+1)x^n$ となって $n+1$ でも正しい.

問 3.18　(1) $-10x^4+6x$ (2) $-4/x^3$ (3) $x+x^{-4}$ (4) $-(2x+5)/(x^2+5x+7)^2$ (5) $1/(x+2)^2$ (6) $-1/x^{100}$

問 3.21　(1) $\cos 2x$ (2) $(x\cos x-\sin x)/x^2$ (3) $-1/\sin^2 x$ (4) $\sin x/\cos^2 x$

問 3.25　$\log_a e$ に対し，底を e に変換すればよい.

問 3.30　$y=t^2$ と $t=\tan x$.

問 3.32　(1) $y=\sin t$ と $t=1/x$ (2) $y=2^t$ と $t=\sqrt{x}$ (3) $y=\log t$ と $t=\log x$ (4) $y=t^3$ と $t=x^2+x+1$

問 3.42　(1) $\sin 2x$ (2) $2x\cos x^2$ (3) $\cos x\cdot\cos(\sin x)$ (4) $-2/(\tan^3 x\cos^2 x)$

問 3.48　場合分けする．$x>0$ のときは済んでいる．$x<0$ のとき $\log|x|=\log(-x)$ であるから，これを $y=\log t$ と $t=-x$ との合成関数とみて微分すると，$y'=(1/t)\cdot(-1)=1/x$ となる.

問 3.50　$y=\log|t|$ と $t=f(x)$ との合成とみて今までに得られた結果を使う.

問 3.58　(1) $-3/\sqrt[4]{x^7}$ (2) $3\sqrt{x}/2$ (3) $2/\sqrt[3]{3x+1}$ (4) $-x/(x^2+1)^{3/2}$

問 3.62　略.

問 3.64　たとえば，$x\geqq 0$ では $f(x)=x^2$，$x\leqq 0$ では $f(x)=-x^2$ として実数全体で定義された関数 $f(x)$ は $x=0$ でも微分可能である（微分係数の定義通り計算して確かめる）．$f'(x)=2x\,(x\geqq 0)$，$-2x\,(x\leqq 0)$ は $x=0$ では微分できない.

問 3.69　(1) $f^{(n)}(x)=\cos(x+n\pi/2)$ (2) $f^{(n)}(x)=(-1)^{n-1}(n-1)!(1+x)^{-n}$ (3) $f^{(n)}(x)=2^x(\log 2)^n$

問 3.71　${}_{n+1}\mathrm{C}_k={}_n\mathrm{C}_k+{}_n\mathrm{C}_{k-1}$ を使う.

問 3.89　(1) $x(t_{1/2})=-kt_{1/2}+x_0=x_0/2$ を解いて $t_{1/2}=x_0/(2k)$ (2) 同様にして $t_{1/2}=1/(kx_0)$　いずれの場合も半減期は x_0 に依存している.

問 3.95　$dx/dt=A\sqrt{k/m}\cos\sqrt{k/m}\,t-B\sqrt{k/m}\sin\sqrt{k/m}\,t$，$d^2x/dt^2=-A(k/m)\sin\sqrt{k/m}\,t-B(k/m)\cos\sqrt{k/m}\,t$ なので，$d^2x/dt^2=-(k/m)x$.

問 3.99　略.

演習問題 3

1　(1) $8(2x+3)(x^2+3x+2)^7$ (2) $-24/(4x-3)^4$ (3) $15(3x-8)^4$ (4) $2/(9-x)^3$ (5) $-(x^2+2x+4)/(x^2-4)^2$

2　(1) $(x+1)/\sqrt{x^2+2x+3}$ (2) $-1/(3x\sqrt[3]{x})$ (3) $(x+2)/2(1+x)^{3/2}$ (4) $(3x+2)/(2\sqrt{x})$ (5) $-x/\sqrt{1-x^2}$

3　(1) $2\cos(2x-1)$ (2) $3\tan^2 x/\cos^2 x$ (3) $-\sin 2x$ (4) $(1/2\sqrt{x})\cos\sqrt{x}$

(5) $4\sin(1-4x)$ (6) $2/(1+\sin 2x)$

4 (1) $1/2\sqrt{x-x^2}$ (2) $-2/\sqrt{1-4x^2}$ (3) $3x^2/(1+x^6)$

5 (1) $2(e^x-e^{-x})(e^x+e^{-x})$ (2) $-2xe^{-x^2}$ (3) $12e^{3x}(e^{3x}+2)^3$ (4) $\cos xe^{\sin x}$
(5) $(1+2x)e^{2x}$ (6) $2e^x/(e^x+1)^2$

6 (1) $2\log x/x$ (2) $(\log x - 1)/(\log x)^2$ (3) $1/\sqrt{x^2+1}$ (4) $\log 3x + 1$
(5) $1/(x\log x)$ (6) $1/\sin x$

7 (1) $2x^{\log x-1}\log x$ (2) $(\log x)^x\{\log(\log x)+1/\log x\}$
(3) $2(x-1)/(3\sqrt[3]{(x^2+1)^2(x+1)^5})$

8 (1) $af'(ax+b)$ (2) $f(x)+f'(x)$

9 $y=x/\sqrt{3}+2\sqrt{3}/3$

10

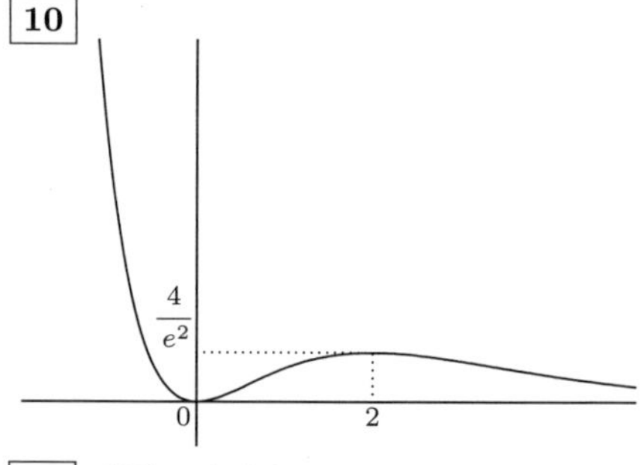

x		0		2	
$f'(x)$	−	0	+	0	−
$f(x)$	↘	0	↗	$4/e^2$	↘

11 単位は省略する．(1) $\log_{10} C = 1$ より $C_0 = 10$. (2) $\log_{10} C = -t/12+1$.
(3) $C = C(t) = 5$ になるまでの時間が半減期 $t_{1/2}$ である．$\log_{10} 5 = -t_{1/2}/12+1$ を解いて $t_{1/2} = 12\log_{10} 2$ となる．

12 $C = -3/2$

13 代入して整理すると，$3C_1 + C_2 = 0$, $C_1 - 3C_2 = 2$ という連立方程式が得られる．これを解いて $C_1 = 1/5$, $C_2 = -3/5$

【第4章】

問 4.20 $(x\log x - x)' = (x)'\log x + x(\log x)' - 1 = \log x$

問 4.28 (1) $t = e^x + 1$ と置換すると $e^x dx = dt$ なので，

$$\int e^x(e^x+1)^2\,dx = \int t^2\,dt = t^3/3 + C = (e^x+1)^3/3 + C$$

(2) $t = 1+\cos x$ と置換すると，$\sin x\,dx = -dt$ なので，

$$\int \frac{\sin x}{(1+\cos x)^2}dx = \int \frac{-1}{t^2}dt = \frac{1}{t} + C = \frac{1}{1+\cos x} + C$$

問 4.33 (1) $xe^x - e^x + C$ (2) $x^2\log x/2 - x^2/4 + C$

問 4.40

$$\int \frac{1}{x(a-x)}dx = \frac{1}{a}\int\left(\frac{1}{a-x}+\frac{1}{x}\right)dx = \frac{1}{a}\{\log x - \log(a-x)\}+C$$
$$= \frac{1}{a}\log\frac{x}{a-x}+C$$

問 4.43　(1) 2 (2) 6 (3) $3\sqrt{2}$

問 4.48　(1) 1/5 (2) $\log 2$

問 4.51　(1) $-1/2$ (2) $4(2e^3+1)/9$

問 4.54　(1) 1 に収束 (2) ∞ に発散

問 4.57　置換すると

$$\int_{-\infty}^{+\infty}\frac{1}{1+x^2}dx = \int_{-\pi/2}^{\pi/2}dt = \pi$$

となる．置換しなければ，直接次のようにやる．

$$= \lim_{M,m}\left[\arctan x\right]_m^M = \lim_{M,m}(\arctan M - \arctan m) = \pi/2-(-\pi/2)=\pi.$$

問 4.68　$\{(1+x)^\alpha\}' = \alpha(1+x)^{\alpha-1},\cdots$

問 4.73　不定方程式 $x^2=2y^2+1$ の自然数解を見つけられれば，

$$\sqrt{2} = \frac{x}{y}\sqrt{1-\frac{1}{x^2}}$$

によって $\sqrt{2}$ の表示が得られる．

演習問題 4　積分定数 C は省略する．

1　(1) $x^4-x^3+2x^2-x$ (2) $x+4\sqrt{x}+\log|x|$ (3) $e^{2x}/2-2x$ (4) $x^{2/3}$
(5) $-3\cos(x/3)$ (6) $\sin\pi x/\pi$

2　(1) $\log|\log x|$ (2) $\sin x - \sin^4 x/4$ (3) $-\cos^3 x/3$ (4) $(\log|x^3+2|)/3$
(5) $\{\log(e^{3x}+1)\}/3$ (6) $2\sqrt{\sin x}$ (7) $(5x-3)^5/25$ (8) $1/\cos x$
(9) $2(x-2)\sqrt{x+1}/3$

3　(1) $x^3(3\log x-1)/9$ (2) $(5-4x)\sin x - 4\cos x$
(3) $x\arctan x - \{\log(1+x^2)\}/2$ (4) $(x^2/2+x)\log x - x^2/4 - x$
(5) $(\sin\pi x - \pi x\cos\pi x)/\pi^2$ (6) $e^{2x}(6x+11)/4$ (7) $(\cos 2x + 2x\sin 2x)/4$
(8) $x(\log x)^2 - 2x\log x + 2x$ (9) $-e^{-x}(x^2+2x+2)$

4　(1) $\cos x = t$ と置換．

$$= \int\frac{\sin x}{\cos^3 x}dx = -\int\frac{1}{t^3}dt = \frac{1}{2t^2} = \frac{1}{2\cos^2 x}$$

(2) $\tan x = t$ と置換.

$$= \int t\,dt = \frac{t^2}{2} = \frac{\tan^2 x}{2}$$

(3) 与えられた積分を A と置いて部分積分する.

$$A = \int \tan x (\tan x)'\,dx = (\tan x)^2 - A$$

より $A = \tan^2 x/2$ がわかる. 関係 $1 + \tan^2 x = 1/\cos^2 x$ を使えば答はどれも同じであることがわかる. 定数の差は積分定数の中に組み込める.

5 (1) $\dfrac{1}{2\sqrt{2}}\log\left|\dfrac{x-\sqrt{2}}{x+\sqrt{2}}\right|$ (2) $\log\dfrac{|x+3|^3}{(x+2)^2}$ (3) $-\dfrac{2}{x}+\log\left|\dfrac{x+2}{x}\right|$

6 (1) $2(\sqrt{x}-1)e^{\sqrt{x}}$ (2) $\{(x^2-1)\log(x+1)\}/2-(x+1)^2/4+x+1$
(3) $x\{\sin(\log x)-\cos(\log x)\}/2$

7

$$\begin{aligned} I &= \int (e^x)' \sin 2x\,dx = e^x \sin 2x - 2\int e^x \cos 2x\,dx \\ &= e^x \sin 2x - 2\int (e^x)' \cos 2x\,dx \\ &= e^x \sin 2x - 2\left\{e^x \cos 2x + 2\int e^x \sin 2x\,dx\right\} \\ &= e^x \sin 2x - 2e^x \cos 2x - 4I \end{aligned}$$

より,

$$I = \frac{1}{5}e^x(\sin 2x - 2\cos 2x)$$

8 (1) $(3e^4+1)/16$ (2) $19/3$ (3) $\pi/4-\log 2/2$ (4) $(e^4-5)/4$
(5) $\pi/12+\sqrt{3}/8$ (6) $2\log(2+\sqrt{3})$

9 (1) ① $\displaystyle\int_1^a \frac{1}{x}\,dx = \big[\log x\big]_1^a = \log a = \log ab - \log b = \int_b^{ab}\frac{1}{x}\,dx$

② $x = bt$ と置換する. $\displaystyle\int_b^{ab}\frac{1}{x}\,dx = \int_1^a \frac{1}{bt}b\,dt = \int_1^a \frac{1}{x}\,dx$

(2) $\displaystyle L(xy) = \int_1^{xy}\frac{1}{t}\,dt = \int_1^x \frac{1}{t}\,dt + \int_x^{xy}\frac{1}{t}\,dt$ の右辺第 2 項に (1)②と同じ置換を施す.

10 $dt = -\sin x\,dx$ であるから,

$$\int_0^1 (1-t^2)^2\,dt = \int_{\pi/2}^0 (1-\cos^2 x)^2(-\sin x)\,dx = \int_0^{\pi/2}\sin^5 x\,dx$$

となるから左辺を計算すればよい．

$$\int_0^1 (1-t^2)^2\,dt = \int_0^1 (1-2t^2+t^4)\,dt = \bigl[t - 2t^3/3 + t^5/5\bigr]_0^1 = 8/15$$

11 (1)

$$\Gamma(s) = \lim_{M\to\infty}\int_0^M e^{-x}x^s\,dx = \lim_{M\to\infty}\int_0^M (-e^{-x})'x^s\,dx$$
$$= \lim_{M\to\infty}\left\{\bigl[-e^{-x}x^s\bigr]_0^M + s\int_0^M e^{-x}x^{s-1}\,dx\right\}$$
$$= -\lim_{M\to\infty} e^{-M}M^s + s\lim_{M\to\infty}\int_0^M e^{-x}x^{s-1}\,dx$$

この第 1 項は（4.25）により 0 となるので，

$$= s\,\Gamma(s-1)$$

(2) （1）の結果は $s=1$ でも使えるから $\Gamma(1)=\Gamma(0)$ となる．問 4.54 によって

$$\Gamma(0) = \int_0^\infty e^{-x}\,dx = 1$$

であるから，

$$\Gamma(n) = n\,\Gamma(n-1) = n(n-1)\Gamma(n-2) = \cdots = n!$$

12 完全な展開を書いてしまった方が早いものはそうする．4 乗の項がないものは 3 乗までとする．

(1) $\displaystyle\sum_{n=0}^{\infty}\frac{(-2)^n}{n!}x^n$ (2) $1+x-\dfrac{1}{2!}x^2-\dfrac{1}{3!}x^3+\dfrac{1}{4!}x^4$ (3) $1-\dfrac{1}{2}x+\dfrac{3}{8}x^2-\dfrac{5}{16}x^3+\dfrac{35}{128}x^4$

(4) $\displaystyle\sum_{n=0}^{\infty}\frac{(-1)^n}{3^{n+1}}x^n$ (5) $-x-\dfrac{1}{2}x^2-\dfrac{1}{3}x^3-\dfrac{1}{4}x^4$

(6) $1+\dfrac{1}{3}x-\dfrac{1}{9}x^2+\dfrac{5}{81}x^3-\dfrac{10}{243}x^4$ (7) $1+x-\dfrac{1}{3}x^3-\dfrac{1}{6}x^4$

(8) $x-\dfrac{2}{3}x^3$ (9) $\displaystyle\sum_{n=0}^{\infty}\frac{1}{(2n)!}x^{2n}$

13 $x+\dfrac{1}{3}x^3+\dfrac{2}{15}x^5+\dfrac{17}{315}x^7$

【第 5 章】

問 5.13 (1) $z_x = 2x-3y$, $z_y = -3x+10y$ (2) $z_x = y^2\cos xy^2$, $z_y = 2xy\cos xy^2$ (3) $z_x = ye^{xy}$, $z_y = xe^{xy}$

問 5.15 n 次偏導関数は 2^n 個ある．

問 5.20 (1) $z_{xx}=2$, $z_{xy}=z_{yx}=-3$, $z_{yy}=10$ (2) $z_{xx}=-y^4\sin xy^2$, $z_{xy}=z_{yx}=2y\cos xy^2-2xy^3\sin xy^2$, $z_{yy}=2x\cos xy^2-4x^2y^2\sin xy^2$ (3) $z_{xx}=y^2e^{xy}$, $z_{xy}=z_{yx}=e^{xy}+xye^{xy}$, $z_{yy}=x^2e^{xy}$

問 5.34 峠点は y 軸方向では文字通り峠越えの頂点，それに直交する x 軸方向では尾根道の底になっているから，どちらの切り口での接線の傾きも 0. $z_x=2x$, $z_y=-2y$ だから，$z_x(0,0)=z_y(0,0)=0$ となって $(0,0)$ は臨界点.

問 5.38 $f_x=2x+3y-7=0$, $f_y=2y+3x-8=0$ を解いて臨界点は $(2,1)$ ひとつである. $f_{xx}=2$, $f_{xy}=3$, $f_{yy}=2$ だから，$\mathcal{A}=2$, $\mathcal{B}=3$, $\mathcal{C}=2$. $\mathcal{B}^2-\mathcal{AC}=5>0$ ゆえに $(2,1)$ では峠点.

演習問題 5

1 (1) $z_x=4x+3y^2$, $z_x(0,0)=0$, $z_y=6xy$, $z_y(0,0)=0$
(2) $z_x=y+1$, $z_x(0,0)=1$, $z_y=x+1$, $z_y(0,0)=1$
(3) $z_x=-2e^{-2x}\sin 6y$, $z_x(0,0)=0$, $z_y=6e^{-2x}\cos 6y$, $z_y(0,0)=6$

2 (1) $z_x=2xe^{x^2+y^2}$, $z_y=2ye^{x^2+y^2}$ (2) $z_x=\cos y\cos(x\cos y)$, $z_y=-x\sin y\cos(x\cos y)$ (3) $z_x=5/(5x-2y)$, $z_y=-2/(5x-2y)$ (4) $z_x=2y/(x+y)^2$, $z_y=-2x/(x+y)^2$ (5) $z_x=2x/(x^2+y^2)-1/x$, $z_y=2y/(x^2+y^2)-1/y$ (6) $z_x=3x^2y^2\sin y$, $z_y=x^3(2y\sin y+y^2\cos y)$ (7) $z_x=e^{-xy}(1-xy)$, $z_y=-x^2e^{-xy}$ (8) $z_x=2x\cos(x^2-y^2)$, $z_y=-2y\cos(x^2-y^2)$ (9) $z_x=5y(1+xy)^4$, $z_y=5x(1+xy)^4$

3 (1) $z_x=-8x^3y^3$, $z_y=-6x^4y^2+10y$, $z_{xx}=-24x^2y^3$, $z_{xy}=z_{yx}=-24x^3y^2$, $z_{yy}=-12x^4y+10$ (2) $z_x=ye^{xy}$, $z_y=xe^{xy}$, $z_{xx}=y^2e^{xy}$, $z_{xy}=z_{yx}=e^{xy}(1+xy)$, $z_{yy}=x^2e^{xy}$ (3) $z_x=-2xe^{-x^2-y^2}$, $z_y=-2ye^{-x^2-y^2}$, $z_{xx}=-2(1-2x^2)e^{-x^2-y^2}$, $z_{xy}=z_{yx}=4xye^{-x^2-y^2}$, $z_{yy}=-2(1-2y^2)e^{-x^2-y^2}$ (4) $z_x=-2\sin 2x\sin 7y$, $z_y=7\cos 2x\cos 7y$, $z_{xx}=-4\cos 2x\sin 7y$, $z_{xy}=z_{yx}=-14\sin 2x\cos 7y$, $z_{yy}=-49\cos 2x\sin 7y$ (5) $z_x=x/(x^2+y^2)$, $z_y=y/(x^2+y^2)$, $z_{xx}=(y^2-x^2)/(x^2+y^2)^2$, $z_{xy}=z_{yx}=-2xy/(x^2+y^2)^2$, $z_{yy}=(x^2-y^2)/(x^2+y^2)^2$

4 (1) $dz=(2x+3y)\,dx+(3x+4y)\,dy$, 接平面は $z=-4x-5y-3$. $(x,\,y)=(1,\,-2)$ からの変動 $dx=dy=0.1$ であるから，全微分に $x=1$, $y=-2$ を代入して，接平面での $z=3-0.9=2.1$，一方，代入して計算すると $z=2.16$ となる.
(2) $dz=(2xdx+2ydy)/(x^2+y^2)$, 接平面は $z=x+y-2+\log 2$

5 計算すると $(a^2-b^2)e^{ax}\cos by=0$ が得られるから，$a=\pm b$ が条件.

6 (1) $(0,0)$ で峠点，$(1,1)$ と $(-1,-1)$ で極大となり極大値は 1. (2) $(-2,4)$ で極大となり極大値は 0，$(-2/3,4/3)$ では峠点. (3) $(-2,0)$ で極小となり極小値 $-2/e$. (4) $(0,0)$ で極小となり極小値は 0，$(0,-2/3)$ では峠点.

7 $z_x = \cos x = 0$, $z_y = -\sin y = 0$ を解いて臨界点を求めると，$(\pi/2, \pi)$ および $(3\pi/2, \pi)$ のふたつある．$z_{xx} = -\sin x$, $z_{xy} = 0$, $z_{yy} = -\cos y$ となるから，$(\pi/2, \pi)$ については $\mathcal{B}^2 - \mathcal{AC} = 1 > 0$ ゆえに峠点，$(3\pi/2, \pi)$ については $\mathcal{B}^2 - \mathcal{AC} = 1 > 0$ ゆえに極小点であって極小値 -2 をとる．**4** (3) で接平面が xy 平面に平行になっていたのは，そこで極小で，極小値が -2 であったからである．
8 (1) $dz/dt = e^x(2t\sin y + \cos y)$ (2) $dz/dt = -(3y^2 + 8xy)\sin xy^2$
9 (1) $\partial z/\partial u = (y^2\cos v + x^2\sin v)/(x+y)^2$, $\partial z/\partial v = u(-y^2\sin v + x^2\cos v)/(x+y)^2$ (2) $\partial z/\partial u = 10u$, $\partial z/\partial v = 10v$
10 $F_x = e^{x+y}$, $F_y = e^{x+y} - 2y$ だから，$dy/dx = -e^{x+y}/(e^{x+y} - 2y)$ となる．

【第 6 章】

問 6.2 $C = -2$
問 6.3 $C_1 = -1/4$, $C_2 = 1/20$
問 6.4 $C_1 = C_2 = 0$
問 6.8 $dz/dx = z^2$ は変数分離形で $z = -1/(x + C_1)$ と解け，あとは $dy/dx = -1/(x + C_1)$ を単に不定積分すればよい．
問 6.11 $y = x^4/3 + Cx$
問 6.17 $x(t) = e^{\alpha t}(C_1\cos\beta t + C_2\sin\beta t)$ の（　）内は，合成によって $\sqrt{C_1^2 + C_2^2}\,\sin(\beta t + \gamma)$ の形になる．従って，

$$|x(t)| = \left|\sqrt{C_1^2 + C_2^2}\,e^{\alpha t}\sin(\beta t + \gamma)\right| \leqq \sqrt{C_1^2 + C_2^2}\,e^{\alpha t}$$

となる．点線の曲線の方程式は $x(t) = \sqrt{C_1^2 + C_2^2}\,e^{\alpha t}$ である．

演習問題 6

1 (1) $x = Ce^{t^2/2}$ (2) $y^2 - x^2 = C$ (3) $y = Cx$ (4) $x = -1/(kt + C)$ (5) $(1+x)(1+y) = C$ (6) $y = Ce^{x/k}/x^2$ (7) $y = C\cos x$
2 (1) $y = -(\sin x + \cos x)/2 + Ce^x$ (2) $y = x\log x/2 - x/4 + C/x$ (3) $y = Ce^x - x - 1$ (4) $y = Ce^{-px} + q/p$ (5) $y = x/2 - x^3/4 + C/x$ (6) $y = e^x/(2x) + Ce^{-x}/x$
3 (1) $y = C_1 + C_2e^{-x}$ (2) $y = e^{2x}(C_1 + C_2x)$ (3) $y = e^{2x}(C_1\cos x + C_2\sin x)$
4 (1) $dy/dx = (du/dx)\cdot x + u$ (2) $(du/dx)\cdot x + u = (u+1)/(u-1)$ (3) $y^2 - 2xy - x^2 = C$
5 (1) $y^2 = 2x^2(\log x + C)$ (2) $y = Cx^2/(1 - Cx)$
6 (1) $dT/dt = -k(T - 20)$ (2) $T(t) = 20 + 70e^{-kt}$ (3) グラフは次ページのようになる．

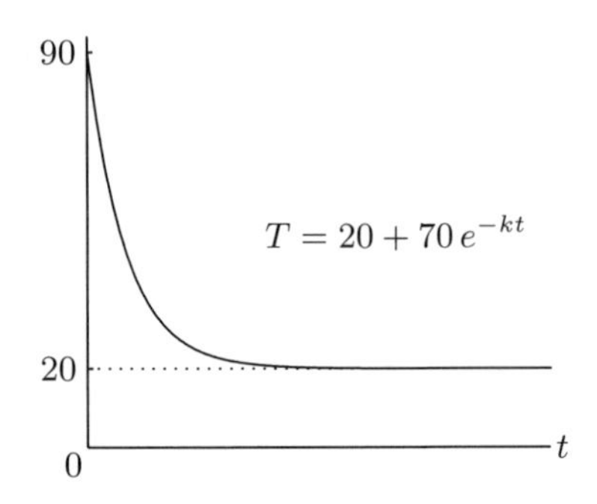

上のグラフを見ればわかるように，温度 T は最初は急激に，時間が経てば経つほどゆっくりに減少する．だから，$10°\mathrm{C}$ 下がるのにかかる時間はいつでも一定というわけではない．当然 $t_1 < t_2$ になる．

7 鉛直下向きを正の向き，比例定数を $k > 0$ として微分方程式

$$m\frac{dv}{dt} = mg - kv^2$$

を解けばよい．解は

$$v = v(t) = \sqrt{\frac{mg}{k}} \cdot \frac{e^{2\sqrt{kg/m}\ t} - 1}{e^{2\sqrt{kg/m}\ t} + 1}$$

8 ベキ級数展開された y を項別微分し，微分方程式に代入して整理すると，

$$\sum_{n=0}^{\infty} (n+1)c_{n+1}x^n = \sum_{n=0}^{\infty} c_n x^n + x$$

となる．

(1) 初期条件より $c_0 = 0$ がわかる．$n = 0$ の項から $c_1 = c_0$，$n = 1$ の項から $2c_2 = c_1 + 1$ がそれぞれわかる．(2) x^n の係数を比べて明らか．(3) (1)(2) より，帰納的に $c_n = 1/n!\ (n \geqq 2)$ がわかるので，

$$y = \frac{x^2}{2!} + \frac{x^3}{3!} + \cdots + \frac{x^n}{n!} + \cdots$$

が得られる．これは $f(x) = e^x - 1 - x$ の $x = 0$ におけるテイラー展開に他ならない．収束半径は ∞ である．求積法で解いても同じ結果が得られる．

【付録 A】

問 A.2 (1) 三平方の定理によって $a^2 + b^2 = c^2$．この両辺を c^2 で割ればよい．(2) (1) の両辺を $\cos^2\theta$ で割ればよい．

問 A.7　$(180/\pi)^\circ$

問 A.8　(1) $3\pi/4$ (2) $9\pi/4$ (3) $-\pi/3$ (4) 45° (5) 390° (6) -108°

【付録 B】

問 B.2　$\{b_n\}$ はいわゆるフィボナッチ数列である．漸化式 $b_{n+2} = b_{n+1} + b_n$, $b_1 = 1$, $b_2 = 2$ で定義される（一般的な定義と b_2 の値が違う）．

問 B.3　$d_4 = -26$

問 B.4　一般項を $an^3 + bn^2 + cn + d$ と置くと，最初の 3 項についての条件より，連立方程式

$$\begin{cases} 1^3a + 1^2b + 1c + d = 1 \\ 2^3a + 2^2b + 2c + d = 2 \\ 3^3a + 3^2b + 3c + d = 3 \end{cases}$$

ができる．これは a, b, c, d について無数の解をもつ．線型代数学を勉強した読者のために補足をすると，この連立方程式を行列表示したとき，係数行列

$$X = \begin{pmatrix} 1^3 & 1^2 & 1 & 1 \\ 2^3 & 2^2 & 2 & 1 \\ 3^3 & 3^2 & 3 & 1 \end{pmatrix}$$

がヴァンデルモンドの行列を含むので，$\operatorname{rank} X = 3$ である．従って，拡大係数行列のランクも 3 のままなので解はあり，しかも無数にある．

問 B.5　前問同様，一般項を $an^2 + bn + c$ と置いて連立方程式を作ると，

$$\begin{cases} 1^2a + 1b + c = 1 \\ 2^2a + 2b + c = 2 \\ 3^2a + 3b + c = 3 \end{cases}$$

となる．これは唯ひとつの解 $(a, b, c) = (0, 1, 0)$ をもつ．$a = 0$ なので 2 次式にはならない．係数行列はヴァンデルモンドの行列そのものなので正則であり，解はこれひとつしかない．

問 B.8　$\lim_{n\to\infty}(1 - 1/n)^n = 1/e$ がわかればよい．次のようなやや技巧的な式変形をする．

$$\left(1 - \frac{1}{n}\right)^n = \left(\frac{n-1}{n}\right)^n = \left(\frac{n}{n-1}\right)^{-n} = \left(1 + \frac{1}{n-1}\right)^{-n}.$$

ここで，

$$\lim_{n\to\infty}\left(1 + \frac{1}{n-1}\right)^n = \lim_{n\to\infty}\left(1 + \frac{1}{n-1}\right)^{n-1} \cdot \left(1 + \frac{1}{n-1}\right) = e \cdot 1 = e$$

となるので，確かに冒頭の主張がいえる．

参考文献

著者が学生時代からお世話になっていたものと，教職に就いてから手に取ったもののうち，個性的で面白いと感じたものとを挙げておく．[1] は著者の学部 1 年次の教科書，[2] は高校時代に今は亡き父が買ってくれたものである．本書では省略した証明とか数学的厳密さ，さらに進んだ概念などに触れたい読者はこれらの文献に当たられたい．本書は [7] を大幅に書き改めて成ったものである．本書では削ってしまった数学史の面白い話が [7] には沢山書かれている．[8] は高校生でも十分読める．

[9] 以降は第 2 版にあたって追加した．[9] はコロナの渦中にあった 2021 年 3 月，いつもの長時間の通勤電車の中で読むために何気なく手に取ったのだが，解析学の主要理論の理念と発展史とが，この小冊子の中にその時代背景と共に丹念に書かれてあって，退屈な通勤時間を一時的に忘れさせてくれる存在となった．本文中でも触れたアルキメデスなどの古代ギリシア数学に興味がある読者には [10][11] を勧める．

[1] 三村征雄，微分積分学 I・II，岩波全書，1970.
[2] 高木貞治，解析概論 改訂第 3 版，岩波書店，1979.
[3] 難波誠，微分積分学，裳華房，1996.
[4] 笠原晧司，微分積分学，サイエンス社，1997.
[5] 金子晃，基礎と応用　微分積分 I・II，サイエンス社，2000.
[6] 森 毅，現代の古典解析，ちくま学芸文庫，2006.
[7] 片野修一郎，微分積分学講義，DTP 出版，2013.
[8] 吉田耕作，私の微分積分法 解析入門，ちくま学芸文庫，2016.
[9] 原岡喜重，はじめての解析学，講談社ブルーバックス，2018.
[10] エウクレイデス全集　第 1 巻（斎藤・三浦訳），東京大学出版会，2008.
[11] 斎藤憲，アルキメデス『方法』の謎を解く，岩波書店，2014.

索引

著者略歴

片野 修一郎（かたの しゅういちろう）

1985 年　東京都立大学理学部数学科卒業

立教大学大学院，工学院大学，青山学院大学を経て，

現在　東京薬科大学薬学部准教授

2018 年 4 月 18 日　初 版 第 1 刷発行
2022 年 1 月 26 日　第 2 版 第 1 刷発行

根底から理解する
微分積分学入門 [第 2 版]

著 者　片野 修一郎

発行者　橋本 豪夫
発行所　ムイスリ出版株式会社

〒169-0075
東京都新宿区高田馬場 4-2-9
Tel.03-3362-9241(代表)　Fax.03-3362-9145
振替 00110-2-102907

ISBN978-4-89641-307-6　C3041

memo

memo

memo

memo

memo

memo

memo

memo

memo

memo